《原真的大自然》编委会 [编]

原真的大自然

内蒙古大兴安岭汗马国家级自然保护区

自·然·教·育·手·册

中国科学技术出版社

·北 京·

图书在版编目（CIP）数据

原真的大自然：内蒙古大兴安岭汗马国家级自然保
护区自然教育手册/《原真的大自然》编委会编 . -- 北
京：中国科学技术出版社，2021.8

ISBN 978-7-5046-9101-9

Ⅰ. ①原… Ⅱ. ①原… Ⅲ. ①自然保护区—内蒙古—
手册　Ⅳ. ① S759.992.26

中国版本图书馆 CIP 数据核字（2021）第 145737 号

责任编辑	李双北
责任校对	邓雪梅
责任印制	李晓霖
封面设计	李双北
正文设计	中文天地

出　　版	中国科学技术出版社
发　　行	中国科学技术出版社有限公司发行部
地　　址	北京市海淀区中关村南大街 16 号
邮　　编	100081
发行电话	010-62173865
传　　真	010-62173081
网　　址	http://www.cspbooks.com.cn

开　　本	787mm×1092mm　1/16
字　　数	212 千字
印　　张	14
版　　次	2021 年 8 月第 1 版
印　　次	2021 年 8 月第 1 次印刷
印　　刷	北京荣泰印刷有限公司
书　　号	ISBN 978-7-5046-9101-9 / S·779
定　　价	78.00 元

本书编委会

序　言

山无棱，水无声；林如海，湖似镜。

风和顺，洗碧空；云似练，宜淡浓。

钻天柳，落叶松，干挺拔，朝天冲。

小刺柏，小偃松，不争强，矮曲生。

越橘果，漫林中，微灌木，手中捧。

堪达犴，四不像；貂称熊，熊呈棕。

黑松鸡，善争宠；花尾鸡，称飞龙。

纯自然，生物丰；原生态，万物净。

内蒙古大兴安岭汗马国家级自然保护区（以下简称汗马保护区或汗马）是大兴安岭山脉中未经人类干扰破坏的地区，拥有原始的森林，保留了原真状态的大自然。森林、草甸、沼泽、河流等按照大自然固有的演替规律，呈现在青山绿水之间，使我们当代人得以窥视寒温带森林、草甸、沼泽、河流等过去景象。在汗马保护区的沼泽里，已有10万岁的草甸塔头每年又发新绿；在厚厚的泥炭藓海绵地上，每年只长一点点、只生出几个树芽的200多岁到300多岁的"老头树"们，体形瘦小但仍顽强地活着；覆被地面几十厘米厚的石蕊地衣，可能经过了几十年甚至上百年风霜雪雨的洗礼，是驯鹿赖以生存的口粮。

历史上没有任何关于人类在汗马保护区的山水间经营的记载，这里没有农业文明和工业文明的印记，仅能探寻到崇尚大自然的敖鲁古雅鄂温克人游猎时留下的撮罗子的痕迹。汗马保护区境内是动物们的乐园，驼鹿、棕熊、貂熊悠然自得地漫步在林间或河水边；黑嘴松鸡和花尾榛鸡（飞龙）在灌丛里嬉戏，在树枝上欢乐地歌唱。在汗马保护区里，人类像是这个动物王国里不受欢迎的"入侵者"。

在汗马保护区的山间漫步，不像是在爬山，却像在走平地。蓝蓝的天空上飘着白云，森林里的空气清新沁人，旁边的原始落叶松林郁郁葱葱，清澈的塔里亚河在原始森林里缓缓地流淌着，组成了山清水秀的画卷。前方，花尾榛鸡一家在悠闲地溜弯，看见我们，拍拍翅膀飞走了。保护区的林深处，苍鹰在头顶盘旋，像是在驱赶侵入它领地的我们。越进入汗马保护区的深山处，越容易与棕熊、驼鹿偶遇，甚至可能被棕熊追着跑，跑出连自己也不可置信的百米速度。

不知不觉走上高地，放眼极其开阔的河谷，景象迥异：

青杨伴红柳，碧水绕白洲。
层层林漫漫，朵朵云悠悠。

我国历史悠久、人口众多，经济生产活动对自然生态系统造成了巨大影响，高度原真性的自然生态系统所剩无几。汗马保护区的大自然原貌有幸得以保存，主要是由于在 1958 年大兴安岭林区开发总方案中就被规划为"鸟兽保护区"，1996 年被国务院批建为国家级自然保护区。近 10 年来，汗马保护区的保护价值进一步得到国内外认可：2015 年，被联合国教科文组织纳入世界生物圈保护区网络；2018 年，被列入国际重要湿地名录。随着科学考察的深入，汗马保护区的神秘面纱将逐步被揭开，令人惊艳的容颜也将展示在世人面前。

目 录

序言

❶ 大兴安岭上的绿宝石 ·························· 001

遥远的北方 ························· 001

茁壮成长 ························· 002

保护对象 ························· 004

保护管理 ························· 006

基础设施 ························· 006

执法行动及日常巡护 ······················ 007

森林防灭火 ························· 009

科研监测 ························· 010

科普宣教 ························· 018

❷ 山无棱 ························· 023

沧海桑田的巨变 ····················· 023

磅礴的画卷 ························· 025

极寒之地 ························· 027

❸ 水无声 ························· 029

潺潺流水 ························· 029

一方静水 ························· 035

泥泞地带 ························· 039

❹ 浩瀚林海 ························· 041

寒温带针叶林的故乡 ························· 041

森林 ··· 043

兴安落叶松林 ··· 045

神奇的老头林 ··· 048

偃松和樟子松林 ····································· 050

白桦林 ·· 054

杨树林 ·· 057

钻天柳林 ·· 058

灌丛 ··· 060

❺ **丰富的植物多样性** ······················· **064**

植物多样性 ·· 064

汗马中的高等植物 ································· 066

国家重点保护野生药材植物 ················· 067

自治区级保护植物 ································· 069

蕨类植物 ·· 077

苔藓植物 ·· 079

大型真菌 ·· 081

食用菌 ·· 082

药用菌 ·· 085

毒菌 ··· 088

❻ **汗马的动物世界** ··························· **090**

汗马中的动物 ··· 090

严寒中的自由生灵 ································· 093

与自然的殊死博弈 …………………………… 105

动物生存的超凡智慧 ………………………… 114

爬行天下 …………………………………… 127

水下世界 …………………………………… 135

昆虫奇遇 …………………………………… 142

❼ 林火 ………………………………… **154**

雷击火 ……………………………………… 155

森林防火 …………………………………… 158

汗马保护区的防火与灭火行动 ………………… 160

林火生态 …………………………………… 160

❽ 极寒之地大森林中的原住民

——敖鲁古雅的鄂温克人 ………… **163**

敖鲁古雅鄂温克部落的由来 …………………… 164

驯鹿文化 …………………………………… 166

桦树皮文化 ………………………………… 169

使鹿部落的衣食住行 ………………………… 170

使鹿部落的未来 …………………………… 175

❾ 游憩体验 ……………………………… **178**

极目林海 …………………………………… 181

林间漫步 …………………………………… 185

缓流探秘 …………………………………… 185

穿越大兴安岭主脊 …………………………… 188

植物生长探秘 ……………………………… 189

动物觅踪 ·· 192

闻声识鸟 ·· 194

品尝野果佳酿 ·· 195

使鹿部落民俗体验 ·· 198

巡护监测体验 ··· 200

避暑康养 ··· 201

极寒体验 ··· 204

冷极村 ·· 206

参考文献 ·· 207

↑ 水无声

↑　山无棱

大兴安岭上的绿宝石

遥远的北方

内蒙古大兴安岭汗马国家级自然保护区位于大兴安岭的主脊西侧，属于大兴安岭西麓森林与呼伦贝尔草原的交界区域，其生态系统基本没有受到人类活动的干扰，历史上也没有任何生产和经营活动，是我国保存最为完整的、典型的寒温带原始明亮针叶林地区。

汗马保护区总面积 107348hm²，森林覆盖率达 94.8%。其地理位置独特，生态系统完整，植被景观保持着原始的面貌。地理坐标为 E122° 23′ 34″—122° 52′ 46″、N51° 20′ 02″—51° 49′ 48″，独特的地理位置使其具有很高的地域代表性。区内生态环境类型丰富多样，塔里亚河贯穿寒温带原始明亮针叶林生态系统，牛耳湖等小型湖沼如宝石般散落镶嵌。她是敖鲁古雅使鹿部落温馨的家园，其多样的生境及完整的生态系统，其独具特色的森林和湿地，孕育和保护着丰富的野生动植物资源[1]。

汗马保护区的一切都处于原生状态，这里是野生动植物的乐园，是大自然的丰富宝库，也是原生态的大兴安岭原始森林与地理环境相适应的综合代表，更是我们国人值得骄傲的自然遗产[2]！

1. 森林覆盖率

森林面积占土地总面积之比，以百分数形式呈现[3]。

2. 自然保护区

对有代表性或有重要保护价值的自然生态系统、珍稀濒危野生动植物物种的天然集中分布区、有特殊意义的自然遗迹等保护对象所在的陆地、内陆湿地或者海域，依法划出一定范围予以特殊保护和管理的区域[4]。

茁壮成长

汗马保护区具有丰富的动植物资源，是东北亚重要河流——额尔古纳河的发源地之一，其独特的原始性、典型性、健康性、稀有性的生态系统及其不可替代的生态系统功能，很早就引起我国政府和国内外专家的高度关注和重视。

1958 年，由苏联专家和我国林业系统共同编制的《大兴安岭林区开发规划总方案》把汗马保护区规划为"鸟兽保护区"。

1991 年，汗马保护区被批建为内蒙古自治区区级自然保护区。

1996 年，经国务院批复，汗马保护区正式进入国家级自然保护区行列。

2006 年 10 月，汗马保护区被列为首批 51 个"国家级示范自然保护区"之一。

2015 年 6 月，联合国教科文组织"人与生物圈计划"国际协调理事会第27 届会议决定，将汗马保护区及其毗邻区纳入世界生物圈保护区网络，成为我国第 33 个世界生物圈保护区。

2018 年 1 月，汗马保护区被列入第十批国际重要湿地名录。

1. 世界生物圈保护区

由联合国教科文组织（UNESCO）列入人与生物圈计划（MAB）"世界生物圈保护区网络"的自然保护区，注重发挥促进资源可持续利用和社区协调发展的功能[4]。

2. 人与生物圈计划

联合国教科文组织于 1971 年发起的一项政府间跨学科的大型综合性研究计划。其宗旨是通过自然科学和社会科学的结合，科技人员、生产管理人员、决策者和社区居民的结合，对生物圈不同区域的结构和功能进行系统研究，并预测人类活动引起的生物圈及其资源的变化，以及这种变化对人类自身的影响。中国于 1973 年参加这一计划[5]。

3. 国际重要湿地公约

又称拉姆塞尔公约（Ramsar convention），全称是"关于特别是作为水禽栖息地的国际重要湿地公约"。它是指符合"国际重要湿地公约"评估标准，由缔约国提出加入申请，由国际重要湿地公约秘书处批准后列入《国际重要湿地名录》。这是一个政府间的协定，该协定为湿地资源保护和利用的国家措施及国际合作构建了框架。

被列入《国际重要湿地名录》的湿地，将会接受国际湿地公约相关规定

⊕ 汗马保护区——国际重要湿地证书

的约束，一旦发现湿地生态退化，就可能被列入黑名单。成为《国际重要湿地名录》中的一员是一种荣誉，这也从侧面说明了一个国家对湿地保护的重视程度。

中国于 1992 年 7 月 31 日加入该公约。截至 2021 年 4 月，我国已有指定国际重要湿地 64 处，总面积 7326952hm²[6]。

4. 世界自然保护联盟（IUCN）

世界上规模最大、历史最悠久的全球性非营利环保机构，也是自然环境保护与可持续发展领域唯一作为联合国大会永久观察员的国际组织[7]。

5. IUCN 自然保护地绿色名录

简称绿色名录，英文为 IUCN Green List of Protected and Conserved Areas，它是一个成功的自然保护全球运动。它的核心是建立了绿色名录可持续性标准，为如何应对 21 世纪的环境挑战提供了全球基准。绿色名录提供了当地相关的专家指导，以帮助保护区实现公平有效的保护成效。它有助于确保野生动物和生态系统能够生存、繁荣，并为世界各地的社区带来价值。绿色名录于 2014 年开始在中国进行试点，截至 2021 年 4 月，中国仅有 6 处被列入该名录中[8]。

保护对象

汗马保护区主要保护对象是寒温带苔原山地明亮针叶林、湿地生态系统以及生活在其中的重点保护的野生动植物种。汗马保护区是我国保存最为完整的寒温带原始明亮针叶林地区之一。

ZSTZ 知识拓展

1. 泰加林

泰加是英文 Taiga 的音译，是北方针叶林的意思，指分布在北纬 45°—70° 的塔形针叶林，泰加林的北界也是森林分布的最北界。从北欧向东直至东西伯利亚，这片区域主要由落叶松属（*Larix*）、松属（*Pinus*）、云杉属（*Picea*）与冷杉属（*Abies*）等乔木林构成，世界不同地区的泰加林都有其不同的特点。

北美洲泰加林树种的种类较多，主要是云杉属、冷杉属和松属的植物；欧洲的泰加林植物种类较少，只有两种，即挪威云杉（*Picea abies*）和欧洲赤松（*Pinus sylvestris*）；东西伯利亚的泰加林则由兴安落叶松（*Larix gmelinii*）构成，被称为明亮针叶林。

我国的泰加林水平分布带在大兴安岭北部林区，新疆阿尔泰山北部的喀纳斯地区有山地泰加林和河谷泰加林[9]。

2. 明亮针叶林和暗针叶林

根据泰加林内的透光状况，又可以划分出明亮针叶林和暗针叶林。其中，落叶松林与松林为明亮针叶林，云杉与冷杉林为暗针叶林。由欧亚大陆从西向东，云杉、冷杉林越来越少，到东西伯利亚已完全消失，而西伯利亚落叶松（*Larix sibirica*）被兴安落叶松所取代。由于大兴安岭北部的森林为欧亚大陆的北方针叶林向南延伸的部分，森林植被类型主要是明亮针叶林的兴安落叶松林和少部分由欧洲赤松的变种——樟子松（*Pinus sylvestris* var. *mongolica*）林组成。因此，汗马的森林是大兴安岭北部林区植被中最具典型的代表[10-11]。

⊛ 泰加林是生长在寒温带的北方针叶林，分为暗针叶林和明亮针叶林

⊕ 驼鹿（*Alces alces*）：汗马保护区内最具代表性的物种之一

⊕ 黑嘴松鸡（*Tetrao parvirostris*）：汗马保护区内最具代表性的物种之一

保护管理

汗马保护区现在已经实现了科研、管护、宣教"三位一体",已形成管理局—管理站—管护点(检查哨卡)三级管理体系。多年的努力使汗马获得了诸多保护成效及成果,取得了诸多荣誉。

基础设施

2000 年,汗马保护区开始建造基础设施。一期(2001—2003 年)建设工程主要以基础设施建设为主:设立管理站、安装木屋、安放界桩等。至今,汗马保护区的基础设施建设已十分健全和完备,为保护区的保护管理提供了扎实的基础。

1 2
3 4

1. 位于根河市金河镇的汗马保护区管理局
2. 汗马保护区的大门
3. 新建的第一管护站
4. 新建的中心管理站

执法行动及日常巡护

每年，汗马保护区会与公安系统联合开展一些执法行动，例如公安专项行动、大流域保护专项行动、反偷猎盗猎行动等，以保护中国唯一寒温带上的这片广袤的原始森林。

汗马保护区的另外一个重要工作就是日常巡护。汗马保护区内建有四个保护管理站（核心区管理站、河东管理站、河西管理站和中心管理站），由于以生态保护至上为原则、以不破坏原始生态为前提，管理站都没有建立在保护区内。每个管理站都分管保护区里的一部分片区，行使着各自不同的职责。

在冬季，巡护主要防止偷猎盗猎，春秋季则是防止捕鱼。随着保护区的发展，巡护员们的装备也"鸟枪换炮"，以前巡护装备是一顶草帽、一根木棍、一个笔记本。现在配备的是迷彩服、野外登山包、GPS 导航定位仪、对讲机、望远镜、高清数码照相机等。由于季节不同，巡护员们的装备、巡护方式及路线也会发生变化。

◉ 大兴安岭森林公安机关保护汗马的行动

1. 部分巡护装备一览：除了常用的 GPS、对讲机、紧急医疗包、饭盒、背包以及森林防火制服外，不同季节巡护员们的装备也会不同，夏季包括遮阳帽、帐篷、蹚水的水靴等，冬季有棉鞋及雪地摩托配套的头盔、手套等

2. 巡护的山地越野车和摩托

3. 冬季巡护的雪地摩托

4. 登山包

5. 巡护间的小憩

森林防灭火

除了以上所述，汗马保护区最为重要的一项工作就是森林防灭火。汗马是国家Ⅰ级重点火险区，保护区山林茂密、地形复杂，可燃物载量很大，防火期内（春季防火期：3月15日—6月15日；秋季防火期：9月15日—11月15日），特别是在重点防火月份，如果7月上旬持续干旱，将进一步提高森林火险等级。这段时间需要特别注意与防范，保护区内会加强防火管理，严防森林火灾发生。

从保护区所掌握的资料上看，在春季防火期，保护区空气干燥、降雨量小、风速大，常绿植物越冬后含水量低，草本植物干枯未返青，森林可燃物增多，容易发生森林火灾；而在秋季防火期，草本植物枯死，植物干枯、含水量下降，也易造成火灾。2000—2020年，汗马保护区内共计发生森林火灾13起，均为过境火和雷击火。

目前，汗马保护区已经建立了一整套的森林防火基础设施体系、森林防火基础设施管理体系、森林防火组织机构和森林防火预案，以加强和提高综合森林防火与扑救的能力，保护森林资源安全。

| 1 |
| 2 | 3 |
| 4 | 5 |

1. 汗马保护区的森林防灭火指挥部
2. 位于中心站的森林消防大队驻防地
3 & 4. 消防队员正在救火
5. 航拍森林火灾后的情形

科研监测

　　科学研究及生物多样性监测，一直都是保护区的重要职能之一。汗马保护区一直提倡并推进自身科研监测工作的规范化体系建设，非常重视自身科学研究的发展情况，设立了监测中心，筹建了两个大的科研监测平台，包括院士工作站和国家林业和草原局的长期科研基地。

1. 院士工作站及其中的日常设备设施

2. 院士工作站内的会议室

3. 院士工作站内的科研设备设施

汗马保护区的科研监测工作主要包括四个层面：

一是对自然资源的调查与监测，包括森林资源、动植物资源、水资源的本底调查和监测。

二是对生物多样性的监测，包括物种和基因的种类、数量、质量、分布及动态变化情况。

三是对关键物种的观测和监测，主要是以保护植物／动物或者针对某一特定种群进行生物学、生态学、行为学等的研究（例如汗马保护区的旗舰性物种——驼鹿）。

四是生态环境的监测，包括气候、土壤、水文等非生物的生态指标的监测。

⊕　汗马保护区科学考察委员会会议

⊕ 夏季科学考察

⊕ 冬季科学考察——齐心协力

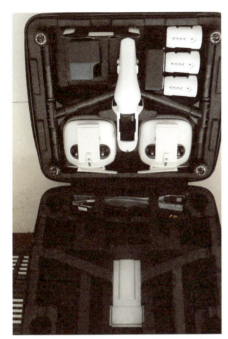

⊕ 汗马保护区的一些科研设备

1. 无人机

2. 不同型号的红外相机

3. 用于远程追踪动物的无线项圈

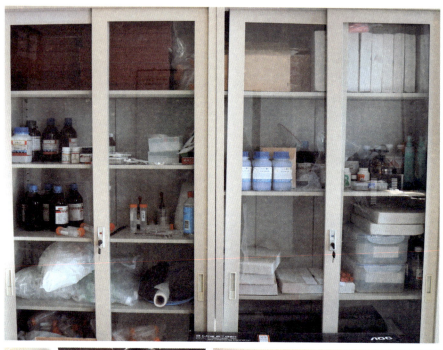

1 1. 存放用于制作标本的化学药剂柜

2 3 2. 正在鉴别昆虫的科研人员

3. 科研人员制作的昆虫标本

　　汗马的科研监测工作开展至今，取得了长足的进步，收获了一些前沿的科研成果，发表了一些论文，如代林生等[12]的《雪鸮在中国境内夏季首次现身》、胡金贵等[13]的《中国红眼蝶属 1 新记录种记述》、田小娟等[14]的《内蒙古汗马保护区长足虻新纪录种记述》等；出版了一些有影响力的著作。此外，还积极开展国际交流合作等。

⊕ 汗马保护区部分研究成果展示

⊕ 中俄姊妹保护区合作签约仪式现场

同时，根据国家人社部"万名专家服务基层行动计划"，内蒙古自治区人社部在汗马保护区开展专家服务基层项目并建立专家服务基地，充分发挥了高层次人才的作用，培养和带动保护区的人才队伍建设，推动保护区生态建设快速发展，破解关键技术难题。

⊕ 汗马保护区的基地项目

汗马保护区与多个高等院校建立了友好的合作关系，包括：

——建立研究生工作站

积极与北京林业大学、东北林业大学、内蒙古农业大学等高校开展合作，并建立了研究生工作站。

——合作开展项目

与中国科学院沈阳应用生态研究所、东北林业大学、北京大学、北京林业大学、内蒙古农业大学、贵州大学、河北农业大学、内蒙古林管局规划院等高校和科研单位开展长期合作，对保护区内野生动植物资源、湿地资源、微生物资源、森林生态系统、火生态等开展全方位的调查研究。

——成立专家库

保护区管理局成立了专家资源库，现有国内外一流专家 40 余位，学科涉及生态学、生物多样性、土壤学、地质学、动物学、植物学和微生物学等各个领域。

——科研项目

保护区积极努力争取资金，与高等院校和科研院所合作开展科学研究，承担主要科研项目共计 12 项，不仅包括保护区内珍稀濒危物种的拯救和生境恢复，也包括提升汗马保护区自身管理、综合素质建设的项目。

上述工作为今后汗马保护区的管理、科学研究、野生动植物资源保护等，提供了宝贵的科学依据和珍贵的历史数据。

⊕ 汗马保护区的部分科研设备
⊕ 汗马保护区的研究生工作站办公室

科普宣教

　　10 年来，汗马保护区精心打造内蒙古大兴安岭野生动植物宣教平台，提高科普宣教能力，助推生态文明建设。拍摄制作了系列科普宣传片、编写出版了科普读物、建立了自然教育基地，把汗马绚丽、多彩、奇特的原始景色呈现在社会大众眼前。同时，使用现代媒体传播理念不断创新传播形式和内容，建立了汗马保护区微信公众号、指尖汗马 App、VR 汗马、360°实境汗马等，展示汗马保护区生态文明建设亮点，普及野生动植物知识，让社会大众全方位、多渠道了解汗马，走近汗马，解读汗马。

　　保护区常态化把野生动植物的科普知识普及到社区和学校，精心筹划科普宣教方案。多次深入到牛耳河、金河中小学校及社区，开展形式多样、老幼皆宜的生态科普知识宣教活动，为当地营造浓厚的生态文明氛围。

　　保护区在根河市建成了林区首家生态文化馆，面向社会大众开放，馆内采用国内最新的展示手段，通过图片、实体标本、互动触摸屏，充分展现了汗马国家级自然保护区内植物、菌类、动物、昆虫、湿地等自然资源，展现了保护区内泰加林的资源优点，广泛向社会大众宣传汗马保护区的生物多样性、完整性、典型性、特殊性，提高了大众了解自然、尊重自然、爱护自然的理念，使公众在掌握知识的同时加深了生态认同感与历史责任感。

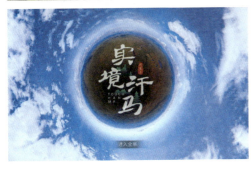

1. 位于根河市的汗马生态文化馆

2. 文化馆内一览：馆内设施齐全，精美照片、标本数不胜数，让公众流连忘返

3. 汗马保护区推出的"实境汗马"，让观众足不出户就能领略汗马的真实美景，"云"游汗马

4. 文化馆内的高新互动设备，向公众生动展示了汗马保护区的方方面面

⊕ 国家林业和草原局领导参观汗马生态文化馆

⊕ 当地中小学生参观汗马生态文化馆

⊕ 文化馆二层也是开展汗马自然教育的场馆之一：完善的 VR 设备，
　　足不出户就可以"云"游汗马

⊕ 汗马保护区是中国冰雪画诞生地：汗马保护区与冰雪画派结缘已
　　久，文化馆内有一巨幅画作，生动形象地展示了汗马保护区广袤
　　的原始森林及其中蕴藏的野生动植物资源

⊕ 冰雪画派画家于志学正在为汗马作画

1. 汗马保护区科普宣教的体系化建设：资料的分类规整与用到的宣传设备

2. 汗马保护区开展的科普夏令营活动

3. 科普夏令营活动照

4. 位于中心管理站的教育营地可容纳百人

②

山无棱

沧海桑田的巨变

汗马保护区位于中亚—蒙古的槽形坳陷中，在距今 25 亿—19 亿年的早元古代，大兴安岭地区还是一片汪洋大海；到了古生代（距今 5.7 亿—2.5 亿年），经过地质学上的加里东运动（古生代早期地壳运动的总称）和海西运动，晚古生代的造山运动，海底火山喷发，熔岩裸露，最终形成陆地，最原始的陆地植物——裸蕨类开始生长。又经过多次沧海桑田的转换，形成了海陆交互的地层，陆生植物繁茂起来，大兴安岭的海洋时代结束了。经过海西运动（2.5 亿年前），海水东泄，大兴安岭整体上升成陆地，形成大兴安岭褶皱带

⊕ 记录沧桑变
化的岩层

与伊勒呼里山系雏形，陆生植物茂盛。汗马保护区西南缘的石炭系（距今 3.6 亿—2.86 亿年的古生代石炭纪形成的地层）石灰岩露头，就证明了这里曾经是大海[15]。

中生代（距今 2.5 亿—6500 万年）发生了印支运动和燕山运动，强烈的火山活动使得褶皱不断加剧，火山喷发，熔岩横流，大兴安岭发生了天翻地覆的演变，形成了如今保护区内出露的大多数地层。

新生代（约 6500 万年前至今）发生了喜马拉雅运动和几次冰川运动，发育成了今天的大兴安岭山脉、断裂带及河谷地带，形成了现在的动植物种类和分布。

汗马地处大兴安岭北段，侏罗纪的火山活动强烈，山体的岩石主要有玄武岩、花岗岩、火山碎屑岩、凝灰岩、斑岩和流纹岩等。

第三纪（距今 6500 万—248 万年），大兴安岭地区温暖湿润，落叶阔叶林占优势。

第四纪（约 248 万年前至今），喜寒动物披毛犀和猛犸象在大兴安岭山区自由自在地生活着，如今贯穿汗马保护区南北的塔里亚河流域，在当时是全新世（Holocene）的低洼地。第四纪冰后期，地面上的冰川融化，形成了此地的河流、湖泊和沼泽。年轻的植物树种——兴安落叶松也得以在这片土地上诞生、繁衍[16]。

⊕ 汗马保护区的岩块

地质年代

　　地质年代（geological time）是指地壳上不同时期的岩石和地层，时间表述单位为宙、代、纪、世、期、时；地层表述单位为宇、界、系、统、阶、带。表示地质在形成过程中的时间（年龄）和顺序。

　　它包含两方面含义：其一是指各地质事件发生的先后顺序，称为相对地质年代；其二是指各地质事件发生的距今年龄，由于目前运用同位素技术是主流，也被称为同位素地质年龄（绝对地质年代）。上述两方面的结合，才构成对地质事件及地球、地壳演变时代的完整认识，地质年代表正是在此基础上建立起来的。

磅礴的画卷

　　"汗马"源自鄂温克语，意为激流河的源头，额尔古纳河的重要支流——激流河就发源于此。大兴安岭的主脊巍然屹立，成为汗马国家级自然保护区和黑龙江呼中国家级自然保护区的"分界线"。

　　汗马保护区地处大兴安岭北部主脊西侧，海拔较高，属低山山地，剥蚀苔原区。整体趋势北高南低，四周环山，形成较狭长的南北走向；河谷南北长56km，东西宽32km，平均海拔1000—1300m，最高海拔1455m，最低海拔840m。山脊呈圆弧状或长岗状，山坡较缓，坡度一般在10°—20°，个别坡度达40°以上，有爬山不见山、如走平地的体验。山石破碎化，山谷较宽阔平坦，河流两岸平滩无下切面。由于季节性积水或常年积水，多形成丛桦灌丛和塔头草甸。

　　汗马保护区河谷宽阔，是其地貌的一大特点，这在我国其他山地是少见的。这种宽河谷的形成与多年冻土的普遍分布密切相关：由于永冻层的存在，河流难以下切，侧方侵蚀加强。河流多弯曲，河谷地区多分布有牛轭湖和水泡子。因此，在溪流上游的河谷，沼泽地很普遍，而汗马的沼泽类型之多，在我国各林区也是首屈一指。这里有多种森林沼泽、灌丛沼泽、草甸沼泽及藓类沼泽等，它们好似镶嵌在林海之中的明珠，从空中俯视，非常美丽。

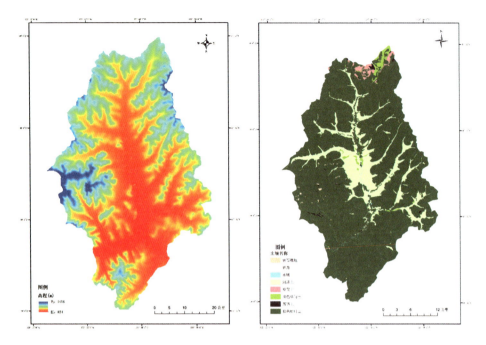

ZSTZ 知识拓展

1. 中国地势

中国地势西高东低，呈阶梯状分布，由两条山岭组成的地形界线，明显地把大陆地形分成为三级阶梯。大兴安岭是中国地势第二、三阶梯界线的一部分，二、三阶梯的分界线为大兴安岭—太行山—巫山—雪峰山[17-18]。

2. 胡焕庸线

即我国地理学家胡焕庸在 1935 年提出的划分我国人口密度的对比线，最初称"瑷珲—腾冲一线"，后因地名变迁，先后改称"爱辉—腾冲一线""黑河—腾冲线"。该划分在中国人口地理上起着画龙点睛的作用，一直被国内外人口学者和地理学者所承认和引用，并且被美国俄亥俄州立大学田心源教授称为"胡焕庸线"。

胡焕庸线穿过大兴安岭，它不仅是划分中国人口密度的界线，同时也是中国生态环境的界线，在胡焕庸线附近，滑坡、泥石流等地貌灾害分布集中；而中段是包含黄土高原在内的重点产沙区，黄河的泥沙多源于此[17]。胡焕庸线还是适宜人类生存地区的界线，其两侧是农牧交错带和众多江河的水源地，是玉米种植带的西北边界。

胡焕庸线与 400mm 等降水量线基本重合，线东南方以平原、水网、丘陵、喀斯特和丹霞地貌为主，以农耕为经济基础；线西北方人口密度低，是草原、沙漠和雪域高原的世界，以畜牧业为主。

极寒之地

汗马保护区地处北纬 51° 20′ 02″—51° 49′ 48″，是中国离北极圈最近的地方之一，距离仅有 1613.7km。保护区位于寒温带，属寒温带大陆性季风气候，冬季漫长严寒，可达 6 个月之久，夏季虽尚温和，但日均温大于 10℃ 的持续期少于 120 天。由于汗马保护区的平均海拔较高，因此冬季比其北部的漠河更寒冷。这里的冬季漫长而寒冷且积雪深厚，夏季凉爽而短暂且湿润多雨，春季干燥风大，四季温差和昼夜温差较大。年平均气温 −5.3℃，极端最高气温 35.4℃。气象站记载的极端最低气温 −49.6℃，极端气温年较差高达 85℃。最冷季平均温度 −24.89℃，最暖季平均温度 12.98℃。汗马保护区年日照时数 2630.6 小时，夏季很短，而且昼长夜短。

近 40 年来，汗马保护区所在的根河市气温上升了 1.1℃，近 60 年来四季气温均有缓慢上升，冬季升温速率最大，达 0.742℃/10 年[19-20]。

ZSTZ 知识拓展

中国的寒温带

我国的寒温带主要位于"鸡冠"上，包括黑龙江省北部、内蒙古东北部，寒温带 ≥10℃ 的年积温 <1600℃，在这里只能种植一年一熟的马铃薯，部分地区可以种植油菜等耐寒品种、早熟的春小麦等作物。汗马保护区就位于中国这片仅有的寒温带中[18]。

汗马保护区是雨热同期，年降水量 450mm 左右，年平均相对湿度 71%。降水集中在 7—9 月，是最湿也是温度最高的季节，月降水量平均 150mm，约占全年降水量的 70%，3—5 月是最干燥的季节，月降水量通常不足 4mm。

根据干燥指数划分，汗马保护区属于半湿润区（干燥指数为 0.6）。冬季最大积雪深度 1m 左右，全年有 7 个月的时间有积雪，局部地区积雪常年不化，积雪深度可达 100cm。早霜在 9 月上旬，晚霜在 6 月上旬，无霜期 80—90 天。

1. 什么是降水量和等降水量线？

降水量是指在一定时段内，从大气降落到地球表面的液态和固态水所折算的水层深度。把在相同的时间内，降水量相同的点在地图上连成一条线，就是等降水量线。等降水量线具有重要意义，可反映降水分布差异、海陆影响，判断地形及洋流的影响等[17]。

2. 我国 400mm 等降水量线与哪几条界线重合？

我国 400mm 等降水量线具有非常重要的意义。它沿着大兴安岭—阴山—贺兰山—巴颜喀拉山—冈底斯山走向，把我国大致分成西北和东南两个半壁，是我国半湿润地区和半干旱地区的分界线，也是森林与草原的分界线、农耕文化与游牧文化的分界线，其东段还是我国西北和东北的分界线，是种植业与畜牧业的分界线[21]。

水无声

潺潺流水

　　汗马保护区属黑龙江水系，其水资源丰富，数不尽的河流与湖泊不仅是汗马保护区也是黑龙江水系的重要源头之一，对维护黑龙江流域的生态安全具有重要意义。同时，这里也是黑龙江的上游额尔古纳河的主要支流——激流河的发源地。因此，保障汗马保护区及塔里亚河的水生态安全也具有非常

⊙ 汗马保护区地形与水系图

贯穿汗马的塔里亚河

重要的国际意义。大部分发源于大兴安岭森林的河流都有一个显著特点：含沙量低、水质清澈透明。

塔里亚河是汗马保护区内最主要的河流。"塔里亚"源自鄂温克语，意为有塔头的沼泽地。它的水流方向由北向南，转而向西，是贯穿汗马保护区最大的河流，河宽平均20m，水深平均80cm，流经汗马保护区时，有安库拉河、西肯河、吉那米基马河等15条一级支流汇入其中[1]。塔里亚河是汗马保护区内形成圈河最多的一条河流，河水清澈、晶莹剔透，如林中飘带，蜿蜒而出。由于永冻层的存在，河流难以下切，侧方侵蚀加强，河流弯曲较多，形成独具特色的宽阔河谷。汗马保护区众多的河流和湿地汇入塔里亚河，贯穿汗马保护区全境，汇入激流河，最终汇入额尔古纳河。

据历年调查统计，汗马保护区内的河流平均封冻在每年的11月2日左右，4月26日前后开河，封冻天数长达180天。

圈河，顾名思义，是一个环形的河流，也是汗马保护区特色景观之一。夏季，河水暴涨，溢出河道，周围变成一片汪洋。大水退后，个别河流改道，在原有河道低洼处，就如白居易在《琵琶行》里"大珠小珠落玉盘"描述那般，形成众多不同形状的圈河，如无数珍珠落入丛林里，星罗棋布，熠熠生辉。

激流河又名贝尔茨河，古称牛耳河、白子河、贝斯尔得河、贝斯特拉雅河、契丹伊拉雅河等，它是大兴安岭原始林区水量最大、水面最宽、弯道最多、落差最大的原始森林河流，也是额尔古纳河的重要支流，平均年径流量

↑ 圈河

达 42.31 亿 m³。

　　额尔古纳河是中国和俄罗斯的界河，西起内蒙古自治区满洲里市东南达兰鄂罗木河和海拉尔河汇合处，东至黑龙江省漠河地区附近石勒喀河汇入处，最终汇入黑龙江。额尔古纳河全长 1620km，总流域面积 15 万 km²，养育了沿河而生的蒙古族、达斡尔族、鄂伦春族、鄂温克族等。额尔古纳河右岸的山林是一代天骄成吉思汗的故乡，是蒙古族的发祥地，成吉思汗的铁骑从此奔腾而出横扫世界。

横亘在内蒙古自治区和黑龙江省之间，南北延绵上千公里的大兴安岭是额尔古纳河重要的集水区[22]。源自大兴安岭西麓的根河、海拉尔河、激流河汇入额尔古纳河。

1689 年，清政府与沙俄签订了《中俄尼布楚条约》，使我国的内陆河额尔古纳河成为中俄界河。额尔古纳河是黑龙江的正源，在大兴安岭山脉的起点地恩和哈达的三江源处与从外兴安岭来的石勒喀河汇合成为黑龙江，黑龙江是世界第十大河流。清政府与沙俄签订的《中俄瑷珲条约》和《北京条约》使中国的第三大内陆河——黑龙江变成了中俄最大的界河。

小·贴·士

　　春季（4—6月），冰雪融化的水量占全年径流量20%—30%。

　　夏季（7—9月），温度最高也是降雨量最大的季节，月平均降水量150mm，占全年降水量的70%。

　　秋冬季节（10月至翌年4月中旬），汗马保护区的秋季短暂而寒冷，温度急速下降，逐渐过渡到漫长而寒冷的冬季。

ZSTZ 知识拓展

　　1. 什么是永冻层？

　　永冻层（permafrost）又称永久冻土或多年冻土层，是指持续多年冻结的土石层[23]。

　　2. 什么是倒木圈？

　　倒木圈是由于河道弯曲，倒木堆积在河床里堵塞河道，形成的一种特殊景观。

　　3. 如何区别河流和湖泊？

　　一个方法是通过能否判别水流方向。河流相是一种动水沉积，上游沉积物颗粒较大，往下游方向逐渐变细，能判别水流方向（河流通常是指陆地河流经常或间歇地沿着狭长凹地流动的水流）。湖泊相是一种静水深积，颗粒很细，不能判别水流的方向[17]。

　　4. 形成河流和湖泊的必备条件是什么？

　　形成河流必须具备两个条件：①有经常不断地流动着的水（河流里的水是降雨、雪山融化的水和地下水共同组成的）。②能使水流在其中流动的"槽"。

　　形成湖泊必须具备两个条件：包括湖盆与水，其中湖盆是形成湖泊的必要地貌条件。有的湖盆是由于地壳运动形成的，有的是在低洼处筑坝形成的（湖盆指蓄纳湖水的地表洼地）。

一方静水

汗马保护区内的沼泽湿地、河流湿地和湖泊湿地为丰富的野生动植物提供了优良的生境和栖息地，对保护生物多样性具有重要意义。

在汗马保护区的核心区有一片由三个不同大小的湖泊组成的湿地，其中最大的湖泊因形似牛耳被叫作牛耳湖。牛耳湖距离汗马保护区中心管理站17km，平均水深2m，随雨量的大小，水的面积在6—9hm^{2}变化。其中水草肥美、鱼类丰富。每到夏季，驼鹿、狍子会到湖边饮水取食；春秋两季，大量的候鸟迁徙至此中途休息、补充体力。

塔里亚河的干流在汗马保护区低地曲折蛇行，在水流长期冲刷、沉积物淤积和径流改道的综合作用下，干流周围多存在牛轭湖，慢慢由牛轭湖发育成大面积积水草地和水塘。

⊕　一方静水——牛耳湖

⊕ 人间倒影——牛耳湖

1. 牛轭（è）湖

指那些弯曲型河道自然裁弯后，老河逐渐淤积形成的状似牛轭的水域。

⊕ 牛轭湖的形成：随着流水对河面的冲刷与侵蚀（左上），河流愈来愈曲，最后导致河流自然截弯取直，河水由取直部位径直流去，原来弯曲的河道被废弃（右上），形成湖泊，因这种湖泊的形状恰似牛轭，故称之为牛轭湖[24]。套在牛背上用以犁地的牛轭（下）。

2. 桃花水

　　春季冰雪消融的河水，俗称"桃花水"。因为来自林地的水溶进了植被、土壤中的物质，所以带有明亮而清透的色彩；而此时河道里的冰尚未融化，就形成水在冰上流淌的景象，有了白色或半透明的冰面映衬，显现出斑斓的色彩。

涓涓桃花水

泥泞地带

处于寒温带的汗马保护区，在低温、多雨的气候条件的共同作用下，形成了以落叶松沼泽、柴桦沼泽和泥炭藓沼泽为主的湿地，其属于极地苔原地区边缘典型的湿地生态系统。

汗马保护区属中山山地剥蚀苔原区，山坡较缓，山谷宽阔平坦，形成了季节性积水或常年积水的沼泽。在汗马保护区内，湿地与冻土相伴相生，多年冻土是天然的隔水层，阻碍雨水下渗，寒冷漫长的冬季和温凉多雨的夏季使汗马保护区山谷区域出现季节性积水或常年积水的现象，容易形成沼泽和塔头草甸。

保护区内湿地类型分为河流、湖泊、沼泽三大类，面积达 45702hm^2，占保护区总面积的 42.6%。其中河流湿地 291hm^2，湖泊湿地 19hm^2，森林沼泽 41936hm^2，灌丛沼泽 3457hm^2。

汗马保护区自 1954 年起便被划定为禁猎禁伐区，至今，保护区内的湿地生态系统一直保持着其原始状态，极少人为干扰。在周边地区遭受严重破坏的情况下，汗马湿地已成为大兴安岭地区保存最为完整典型的湿地生态系统。

湿地是珍贵的自然资源，也是重要的生态系统，具有不可替代的综合功

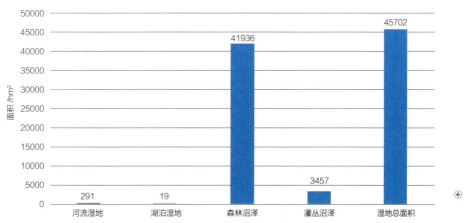

⊛ 汗马保护区的湿地类型

能，对于应对气候变化的影响、碳源和碳汇功能等方面都具有重要的意义，被生动形象地称为"地球之肾"。汗马湿地发挥的重要作用主要包括：涵养水源、调节水文、维持较高的生物多样性、调节区域小气候、作为野生动物栖息地等，同时也是开展科研教学、自然课堂和科普教育的重要基地[25]。

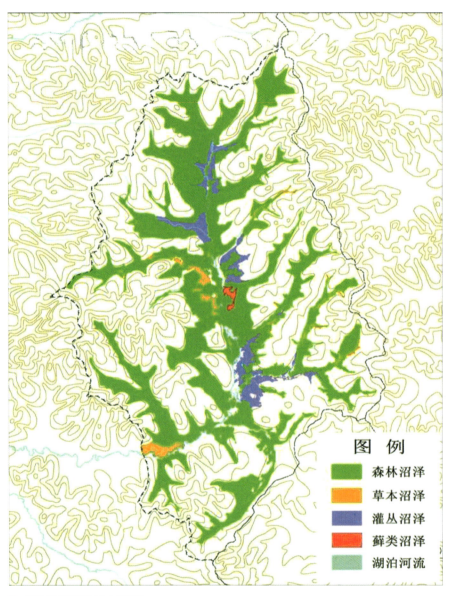

⊕　汗马保护区的湿地分布示意图

浩瀚林海

寒温带针叶林的故乡

汗马保护区的主要保护对象为森林生态系统，其水平地带性植被为明亮针叶林为主的寒温带针叶林，也称为泰加林。汗马保护区内的黑嘴松鸡、貂熊、驼鹿都属于环北极动物，是泰加林中的代表动物种。

生长在大兴安岭的这片一望无际的原始森林，具有十分重要的保护价值。它是嫩江和黑龙江水系及其主要支流的重要源头和水源涵养区，为中下游地区提供了宝贵的工农业生产和生活用水，大大降低了旱涝灾害发生概率。同时，它在国家生态建设全局中具有特殊重要地位，是我国北方重要生态屏障，保卫着东北土地免受风沙侵蚀，在维护国家生态安全、应对气候变化等方面具有不可替代的作用。

汗马保护区的植物区系属于"欧亚针叶林植物区，大兴安岭山地北部针叶林植物省，大兴安岭北部山地州"。呈现森林、灌丛、草甸、沼泽和草塘（水生植被）等5个植被型、13个植被亚型、24个群系组、26个群系、48个群丛[1]。汗马保护区山坡平缓，没有显著的高差，爬山就像走平地一样，翻过山脊而不自知。除此之外，汗马保护区的气候干燥、寒冷，形成的植被类型简单，优势种和建群种单一；各垂直带的景观差异并不显著。

汗马植被垂直分布图：大兴安岭山势和缓，无显著高峰，相对高差一般不大（汗马保护区相对高差为594m），而且受大陆性干燥、寒冷气候影响，组成植被的建群种和优势种非常单纯，多属于生态可塑性较大的种类，导致植被垂直通常得不到完整体现，各垂直带（亚带）的植被在外貌、组成上差异不显著。同时，受局地生境影响还会产生跨带现象。

汗马植被垂直分布图

海拔

大兴安岭山势和缓，无显著高峰，相对高差一般不大（汗马自然保护区相对高差为594m），而且受大陆性干燥、寒冷气候影响，组成植被的建群种和优势种非常单纯，多属于生态可塑性较大的种类，导致植被垂直通常得不到完整体现，各垂直带（亚带）的植被在外貌、组成上差异不显著。同时，受局地生境影响还会产生跨带现象。

1455m 亚高山矮曲林带：僵松矮曲林

1350m 山地寒温性疏林带：僵松落叶松林

1200m 山地上部寒温性针叶林带：塔藓东北赤杨落叶松林

900m 山地中部寒温性针叶林带：兴安杜鹃落叶松（樟子松）林

ZSTZ 知识拓展

1. 植被带分布

植被受经纬度和海拔高度的影响会呈现出有规律的分布。植被随经度和纬度的变化，有规律的分布更替就是植被的水平分布。

（1）植被的纬向地带性：从寒带到热带的不同气候带上，相应的分布着不同的植被。

（2）中国植被的经向地带性：我国植被的经向地带性从东南沿海到西北内陆依次为东部湿润森林区、中部半干旱草原区、西部内陆干旱荒漠区，呈现三相植被分布。

（3）中国植被的纬度地带性：我国大陆植被的纬度地带性分为东南、西北两部分，东南部为森林，西北部为草原和荒漠。

2. 生态过渡带

汗马保护区位于大兴安岭的主脊西侧，也是大兴安岭西麓森林与呼伦贝尔草原之间的交界区域，是我国典型的"森林草原"生态过渡带。森林草原（forest steppe）是指处于森林和草原之间的过渡植被类型，其特征是森林和

内蒙古地区沿50°N附近的植被分布

呼伦贝尔草原　　　　　　　大兴安岭山地

西　　　　　　　　　　　　　　　　　　东

草原　　　　草原-森林过渡带　　　　森林

⊕ 生态过渡带

草原交错分布。

生态过渡带（ecotone）又称群落交错区、生态交错带，指由一种群落或生态系统类型向另外一种群落或生态系统类型过渡的空间区域。无论是气候变化、人为活动（放牧、耕种等）的各种类型干扰对生态过渡带的影响都是巨大的，因为生态过渡带的生态系统功能结构和生物类群等多方面因素都是处于多变敏感的边界状态。

在具有生态过渡带的山上，植被具有较特殊的生长情况。山体向阳面（南侧）与呼伦贝尔草原植物分布类型相似，但逐渐靠近大兴安岭方向的区域，草原面积逐渐减少，森林面积逐渐增多，仅有局部的向阳山坡有较小面积的草原。相对应的阴坡（北侧），植物分布类型基本与大兴安岭植物分布类型相同，主要是兴安落叶松、白桦等。

森林

森林是巨大的绿色宝藏，发挥着森林生态系统特有的涵养水源功能、保持水土功能、释氧固碳功能和净化空气功能，有着重要的生态意义。其中，林冠层对降水的再分配功能、森林下层灌木与草本截留降水效应、森林枯落物涵养水源效应、林下土壤涵养水源功能、森林调节径流及削减洪峰作用、水土保持功能，均与森林覆盖率密切相关[26]。靳芳等[27]指出，森林植被覆盖率在30%—50%，水土流失面积为10%—30%；森林植被覆盖率在55%以上时，水土流失面积小于10%；森林植被覆盖率达到75%以上时，水土

杜香（*Ledum palustre*）—偃松（*Pinus pumila*）—落叶松林（*Larix gmelinii*）。地面上的是小灌木杜香，只有30cm高，只能仰视着翠绿的偃松，金色的落叶松就是它的天边。
⊛

流失已经不明显。而寒温带针叶林和落叶阔叶林区，由于气候寒冷，森林枯落物不易分解，枯死地被物积累量大，枯落物涵养水源的持水能力较强，其最大持水能力常常大于4mm。汗马保护区的森林覆盖率为94.8%，基本不存在水土流失现象[28]。森林的腐殖质层厚度按照薄、中划分，分布面积分别为5089hm²、51656hm²。所以，汗马保护区内的枯落物涵养水源持水能力较强。

汗马保护区的寒温性森林是在寒冷气候和土壤有永冻层的环境下生长形成的，植物组成树种极其简单，在乔木层中，兴安落叶松占据绝对优势。针阔混交林为原始落叶松林或是樟子松林火烧后更新的落叶松白桦混交林，还有极少的落叶松杨树（*Populus* spp.）混交林。阔叶林中常见的是白桦林，沿河岸有较少的甜杨林、钻天柳林和毛赤杨林。

兴安落叶松林多为纯林，几乎没有其他树种混交，仅偶尔有少量的白桦混交林。在下木层中，一般有偃松层和小灌木（微灌木、矮灌木）层。仅在温暖的地段，灌木层不发达时，才有草本层出现。在比较冷湿的地段，生有藓类层，为真藓和泥炭藓。

与其他地区相比，汗马保护区所在的大兴安岭地区森林的生活型独具特

☮ 与常绿的针叶树种不同，兴安落叶松针叶秋季变成金黄色，冬天落叶，以适应寒冷气候

色，若是身临其境，你就会知道乔木层的绿色针叶秋季会变成黄色的，且在冬天会落叶。大多数小灌木层一般只有30cm高，不是我们常见的1—2.5m的灌木，可它们的的确确是灌木，不是草本，被称为微灌木或者矮灌木。这些灌木独具特色，它们植株低矮，有的匍匐于地面，叶革质常绿有亮光，叶小型有的呈细条状，如杜香（*Ledum palustre*）、越橘（*Vaccinium vitis-idaea*）等。兴安杜鹃（*Rhododendron dahurica*）虽然树高可以达到1m以上，却是常绿的。有些草本也是常绿的，如林奈草（*Linnaea borealis*）、红花鹿蹄草（*Pyrola incarnata*）、七瓣莲（*Trientalis europaea*）等。这些常绿的灌木和草本是对本地区寒冷气候长期适应、协同进化的结果。在寒冷地区，冬季积雪覆盖，厚厚的积雪保护地面上的常绿植物，使得它们能在春季来临、冰雪融化时，相对于落叶植物能更快地进行光合作用，用以进行自身的生长发育，能更充分地利用短暂的生长期。

兴安落叶松林

兴安落叶松（*Larix gmelinii*）林是汗马保护区的绝对优势植被类型，从山麓到山顶，漫山遍野地遍布在汗马保护区的各类地形。同一片区域内，还罕见地存在着兴安落叶松幼龄林、中龄林、成熟林、过熟林，一片林地就呈现了森林群落的全部演替阶段。

大兴安岭寒温带山地上的兴安落叶松林，是西伯利亚北方针叶林分布的最南端。兴安落叶松林集中分布在亚洲东部的针叶林地带，西至俄罗斯境内的叶尼塞河，东到俄罗斯东部沿海的库页岛，其北界可到达北纬72°30′的北冰洋冻原带，且分布的土壤有永冻层。它的南界就是汗马保护区所在的我国大兴安岭地区，并沿着大兴安岭主脉呈舌状向南延伸至阿尔山林区，最南到北纬43°30′内蒙古自治区赤峰市克什克腾旗的黄岗梁，与华北落叶松（*Larix principis-rupprechtii*）连接。向东南零星分布至北纬42°30′老爷岭的海林、大海林一带，与长白落叶松（*Larix olgensis*）交汇[11]。

兴安落叶松是第四纪冰川的严酷环境下形成的一个年轻树种，它具有耐寒、耐贫瘠的生物学特性，因而成为我国东北林区分布面积最广、蓄积最大的树种，且显示出其旺盛的生命力。中生代白垩纪，植物区系开始分化，在西伯利亚东北部形成松柏类发源中心。在第三纪，北半球的乌拉尔—贝加尔湖—堪察加半岛—阿拉斯加一带的植物成分比较一致，首先呈现由亚热带和暖温带植物成分组成的落叶阔叶林，代表种为赤杨（*Alnus japonica*）、鹅耳枥（*Carpinus turczaninowii*）等，松柏类存在感低。到第三纪后期，落叶阔叶林由繁盛走向衰败。中新世时，落叶阔叶树的一些树种已经消失，同时，松柏类从发源中心向四周扩散。上新世晚期，在大陆性干寒气候的影响下，西伯利亚东北部近似于今天的寒温带针叶林得到进一步发展，并向南延伸到我国北部山地。随着大陆性气候的逐渐增强，铁杉属（*Tsuga*）等代表海洋性气候的属和其他属的一些种消失，而最适应这种大陆性气候的落叶松属（*Larix*）占据了重要的地位。到了第四纪，落叶松经历了冰川进退和寒暖干湿气候的多次洗礼，经过了东西南北和海拔高低的往返迁徙，经受了各种严酷环境的锻炼，形成了今天的分布格局[11]。

所以说，兴安落叶松是从第三纪西伯利亚的落叶松中演化出来的，是地质时期第四纪严寒贫瘠条件下形成的年轻的树种，大兴安岭就是它的中心分布区[11]。兴安落叶松是强阳性树种，且冬季落叶的特性使其具有很强的抗寒性，种子小而具翅，为先锋树种。大兴安岭的兴安落叶松原始林是巍巍的绿色长城，守卫着祖国的北疆，庇佑着森林里的各种生灵，涵养着黑龙江、嫩江、额尔古纳河三大河流的水源地。

⊙ 金秋的兴安落
叶松林

神奇的老头林

在大兴安岭的冻土带上，生长着一些长相奇怪的树木：它们从上到下长着十几厘米"胡子"，树干弯曲，枝条上，毛发苍苍，形似老态龙钟的老者，因而我们称其为"老头林"。实际上，老头林上悬挂着的"胡子"，并不是原始生长在树上的，它是另一种耐寒力极强的植物——松萝（*Usnea diffracta*）。松萝具有很强的抗菌和抗原虫的作用，其中松萝酸的抗菌作用尤为突出[29]。

老头林实为泥炭藓落叶松林，是由兴安落叶松的种子落在泥炭藓地带生长而成，仅分布于寒温带海拔900m以下的两山低凹地带。泥炭藓地带是森林湿地的一种，最显著的特征是地下半米左右一般存在永久冻土层，造成地表滞水，林地冷湿，土壤贫瘠，致使植物呈生理干旱，林木生长缓慢，矮小衰弱。相对于附近落叶松林，"老头林"每年生长期只有2—3个月，树木略显矮小，手腕粗细的树木已达两三百年高

⊕ 兴安落叶松树枝上的松萝

龄。它们在相对恶劣的条件下顽强地生长着，像是忠诚的守林人，静静地扎根在这片沼泽中，见证着大兴安岭汗马保护区的四季更迭，领略着云卷云舒，水涨潮落。

在汗马保护区内，几十厘米高的泥炭藓层厚厚地覆盖在低洼有永冻层的地面上。由于汗马保护区的植物生长季短，微生物活动期也很短，植物枯落物分解困难，在潮湿缺氧的条件下容易形成泥炭。于是地表面的泥炭藓、枯枝落叶及其下的泥炭，在永久冻土层上面形成了可达几米厚的柔软疏松结构，

像海绵一样。

春天融化的雪水和夏季的降雨，都得渗透这块巨大的"海绵"，在低洼处慢慢渗出。老头林就在这无比巨大的"海绵"上生长。

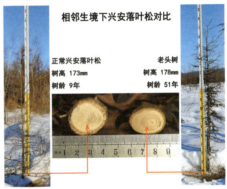

相邻生境下兴安落叶松对比

正常兴安落叶松　　　　　　　　　老头树
树高 173mm　　　　　　　　　　树高 178mm
树龄 9年　　　　　　　　　　　　树龄 51年

1	2
3	4
5	

1. 夏季生机盎然的老头林（泥炭藓—落叶松林）

2. 秋天叶子变金黄色的老头林

3. 冬天落叶的老头林

4. 老头林与正常生长兴安落叶松对比

5. 泥炭藓

偃松和樟子松林

1. 樟子松林

樟子松林是我国寒温带代表性的森林之一。樟子松（*Pinus sylvestris* var. *mongolica*），俗名海拉尔松，是第四纪冰期从西伯利亚北部迁移来的，是第三纪孑遗植物欧洲赤松（*Pinus sylvestris*）在中国的地理变种。樟子松除了与欧洲赤松有亲缘关系外，还与长白松（*Pinus sylvestris* var. *sylvestriformis*）、兴凯湖松（*Pinus densiflora* var. *ussuriensis*）形态相像，亲缘近，不好区分。将这4种植物放在一起，可能只有专家才能区分开来。对这几种植物的分类学地位，植物分类学家们至今仍在探讨。

樟子松分为沙地樟子松和山地樟子松，其形态有差异，它们是否需要进一步分类，植物分类学家们还在研究中。汗马保护区的樟子松林类型为山地樟子松林。

汗马保护区的樟子松与越橘、偃松（*Pinus pumila*）生长在一起，镶嵌在各种落叶松林间，形成越橘—偃松—樟子松林。汗马保护区只有这一种林型

⊘ 樟子松林

的樟子松林，没有大兴安岭其他地区常见的兴安杜鹃—樟子松林和杜香—樟子松林及草类—樟子松林。

林内混交有落叶松和白桦。灌木覆盖率超过50%，以偃松为主，还有兴安杜鹃和杜香及东北赤杨（*Alnus mandshurica*）混生。草本层有小斑叶兰（*Goodyera repens*）、梅花草（*Parnassia palustris*）和一片片的越橘。

由于樟子松的适应能力强，拥有独特的防风固沙作用，在三北地区已经广泛用于引种造林。

2. 偃松矮曲林

偃松（*Pinus pumila*）是松属中唯一灌木状的树种，也是唯一灌木状的五针松，它丰富了五针松的物种多样性，同时还起到了涵养水源、保持水土的作用。此外，偃松矮曲林是紫貂和灰鼠等珍贵毛皮动物的幸福家园，它们主要生活于此类生境中。偃松的种子——松子，不但动物爱吃，林区人也会在秋天忙于采收，是孩子们最爱的零食[30]。

偃松分布在东亚地区，北至北纬70° 31′的勒拿河入海口，南至北纬40°左右朝鲜的北部，西至贝加尔湖附近，向东越过大海，达到北纬35° 20′左右

⊛ 偃松矮曲林

的日本富士山北部列岛。在我国除了在小兴安岭和长白山的个别山峰有分布外，集中分布在大兴安岭，常见的是落叶松和樟子松林下的偃松灌木层，在一些山峰的顶部形成偃松矮曲林纯林。汗马保护区只有东北岩高兰—偃松矮曲林1种林型，呈孤岛状分布在海拔1200m以上的山顶上。偃松矮曲林下土壤贫瘠，多石块，因而只能匍匐地面，侧向生长，主干的长度虽然可达5—10m，但垂直高度只有1.5—1.8m；即便是150年生的偃松，直径也仅有26cm[31-32]。偃松矮曲林的植物组成很简单，偃松之间有时与灌木状的岳桦（*Betula ermanii*）构成所谓的"乔木层"，灌木层是常绿细叶地上芽的东北岩高兰；草本层有刺虎耳草（*Saxifraga bronchialis*）、高山茅香（*Anthoxanthum monticola*）、香鳞毛蕨（*Dryopteris fragrans*）等；再往下地面石块上则生长着黑石耳（*Dermatocarpon miniatum*）为主的叶状地衣。

1 2
3 4

1. 偃松矮曲林

2. 东北岩高兰（*Empetrum nigrum* var. *japonicum*）

3. 冬季，偃松柔软了枝条，匍匐下来，以躲避西北风的摧残，减轻积雪的伤害，这是偃松适应高纬度地区严寒酷雪的气候，与环境协同进化而形成的特性

4. 冬去春来，冰雪消融，偃松又挺直了腰身，向上伸展，以昂扬的姿态，沐浴着阳光雨露，演奏出生命的凯歌，彰显出顽强不屈的性格

山顶上的偃松

⊙ 秋日白桦林

白桦林

在汗马保护区的山水之间，到处可见美如画卷的白桦林。白桦（*Betula Platyphylla*）是大兴安岭地区分布最广的阔叶树种，是针叶林和针阔混交林遭到火烧或砍伐等破坏后首先恢复的先锋树种之一，也是最适应东亚和东西伯利亚自然环境的植物种之一。

在我国境内，白桦的分布范围为东经96°—135°、北纬28°—53°，即从青海的囊谦吉曲到黑龙江的最东部边境三江口，从四川的木里到黑龙江的最北部边界漠河。白桦广泛分布于我国的东北、华北及陕北、宁夏、甘肃、青海、四川等地，西藏林芝地区森林中、新疆天山林区的阴坡与谷地中均有白桦林的分布[11]。

境外白桦分布在俄罗斯的东西伯利亚和远东、蒙古、朝鲜北部、日本。在我国，由北向南、由东向西，白桦林分布呈现由多渐渐变少，由各坡都有分布到逐渐集中阴坡、半阴坡；由低海拔逐渐走向高海拔，由连续分布渐渐变为间断分布[11]。

在汗马保护区里，白桦纯林占大多数，其次为与兴安落叶松的混交林，还有少量的花楸（*Sorbus pohuashanensis*）、东北赤杨、扇叶桦（*Betula middendorfii*）与白桦混交。

全国白桦林总面积为489.97万hm²，东北林区白桦林的面积和蓄积占全国的2/3以上，在大兴安岭北部中心地带的内蒙古呼伦贝尔市和兴安盟内，白桦林面积达189.95万hm²，约占全国白桦林总面积的2/5，占比38.8%[11]。

白桦对极端低温（−50℃）、霜冻等有很强的抗性，喜湿，要求有水分充足的土壤、湿润的空气。汗马保护区年平均气温−5.3℃，虽然年降水只有450mm，但是年平均相对湿度达到了71%。因此，在这种适宜的自然环境下，汗马保护区内分布有大面积的白桦林，处于白桦水平分布的中心地带。

多元的白桦文化

　　达斡尔族与鄂伦春族、鄂温克族称为内蒙古自治区的"三少民族"，主要分布于内蒙古自治区莫力达瓦达斡尔族自治旗、黑龙江省齐齐哈尔市梅里斯达斡尔族区、鄂温克族自治旗一带；少数居住在新疆塔城、辽宁省等地。达斡尔族禁忌较多，如不许用刀、剪子等锐器指点人；不许踏坐门槛和窗台；不准在室内吹口哨；在渔场不许拿着鞭子走；不用白桦和榆木盖房子等。

　　俄罗斯人民很喜欢白桦，亲切地称白桦树为"小白桦"，描绘白桦林的风景油画随处可见，俄罗斯的年轻人还用白桦树皮写情书。在日本，上皇后美智子的徽印就是白桦。风靡日本几十年，流行世界，在我国也被歌唱家蒋大为唱得家喻户晓的日本民歌《北国之春》的首句就唱道："亭亭白桦，悠悠碧空"，表达出日本人民对白桦树深深的热爱。

　　从前，我国东北的伐木工人在山上饮桦树汁用以解渴，如今林区的人们用桦树汁做饮料，其营养价值极高；生活在汗马保护区及其附近的敖鲁古雅人更是用白桦做船、做包包、做各种储物罐，用白桦皮作画，记载描述他们的生活，刻画驯鹿的各种神态，具有极高的艺术价值。

⊕ 富含文化意义的白桦林

⊕ 桦树皮：俄罗斯的年轻人用桦树皮写情书

汗马保护区的白桦林主要包括：草类—杜香—白桦林、野青茅（*Deyeuxia pyramidalis*）—兴安杜鹃—白桦林、越橘—兴安杜鹃—白桦林和越橘—偃松—白桦林 4 类。

1. 草类—杜香—白桦林
2. 越橘—偃松—白桦林
3. 野青茅—兴安杜鹃—白桦林
4. 越橘—兴安杜鹃—白桦林

杨树林

1. 甜杨林

汗马保护区仅有小叶章（*Deyeuxia purpurea*）—红瑞木（*Cornus alba*）—甜杨（*Populus suaveolens*）林这一种类型的甜杨林，生长于河两岸的沙砾碎石上，以小片纯林的形式镶嵌在河岸钻天柳的边上。甜杨林的草本层下面是稀疏的苔藓层，显示了其非常潮湿的生境特点。

2. 赤杨林

汗马保护区内有东北赤杨（*Alnus mandshurica*）和毛赤杨（*Alnus sibirica*）两种赤杨属的植物种，只有毛赤杨在山谷或河流两岸的水湿地形成小斑块状的纯林。毛赤杨林只有一个类型，即瘤囊薹草（*Carex schmidtii*）—红瑞木—毛赤杨林，这种阔叶林生长在平坦的河边、溪边的沼泽草甸土上，是当地的原生植被，标志性植物为灌木层的红瑞木和草本层的瘤囊薹草，具有较厚的苔藓层。

⊕ 甜杨林

钻天柳林

汗马保护区的塔里亚河两岸碎石沙土上分布有钻天柳（*chosenia arbutifolia*）林，它们呈带状纯林间断分布，也有与甜杨、毛赤杨的混交林。

钻天柳是国家Ⅱ级重点保护植物，同时也是汗马保护区唯一的国家Ⅱ级重点保护植物，世界自然保护联盟（IUCN）评其为近危种（VU），属珍贵稀有濒危植物。

钻天柳是单种属植物，又称朝鲜柳、红毛柳和顺河柳，属东西伯利亚植物区系成分，在我国分布于内蒙古的大兴安岭西坡、东北三省，境外分布在朝鲜、日本、俄罗斯远东地区。

钻天柳是从柳属分出的一个种，先花后叶，雄花序开放时下垂，雌、雄花都没有腺体，与杨属植物相似，是介于杨属与柳属之间的过渡类型，对研究杨柳科植物的系统发育具有重要的科学价值。

钻天柳的根系发达，有很强的吸水性，能固沙土，是极佳的护岸植物。其树形优美，秋季落叶后，枝条变成鲜红色，是三北地区唯一的枝条为红色的观枝大乔木，是优良的观赏和绿化树种。

⊕ 钻天柳

钻天柳的生长更新困难，插条成活不易。可用种子繁殖，但种子的寿命却很短，一旦种子成熟，应立即播种。受到不易成活的内在因素以及生存环境的退化等环境因素的影响，钻天柳已处于濒危的境地，因其重要的科学文化价值，且现存的植株数量少，已被列入重点保护的植物名录中[33]。

灌丛

汗马保护区的灌丛分为针叶灌丛和阔叶灌丛，阔叶灌丛中属丛桦（*Betula fruticosa*）灌丛、扇叶桦（*Betula middendorfii*）灌丛分布最多。针叶灌丛为偃松灌丛和兴安圆柏（*Sabina davurica*）灌丛；阔叶灌丛为兴安杜鹃（*Rhododendron dauricum*）、山刺玫（*Rosa davurica*）和绣线菊（*Spiraea salicifolia*）灌丛。汗马保护区还有大片的常绿小灌木，如越橘、杜香等。

⊕　小叶杜鹃（*Rhododendron parvifolium*）

⊕　兴安杜鹃（*Rhododendron dauricum*）

1. 兴安圆柏

2. 越橘

3. 甸杜，生于有苔藓类的沼泽中，湿地指示物种

1. "林褥"植被

在汗马保护区的原始兴安落叶松林下，是厚厚的石蕊（*Cladonia coccifera*）植被。石蕊是枝状地衣，是保护区内驯鹿赖以生存的食物，也被称为"驯鹿苔"。雨季，石蕊吸收了厚厚的水分，生机盎然。若是连续少雨的天气，石蕊就变得极端干燥易燃，在打雷的天气下，极易引起天然的林火。石蕊"林褥"一旦被破坏，不容易恢复。

⊕ 石蕊

⊕ 石蕊—兴安落叶松林

2. 汗马保护区的冻土变化

汗马保护区是监测多年永冻土动态重要的监视器。作为欧亚大陆多年永冻土区的南缘，永冻土对气温的冷热变化很敏感，受热的多年永冻土容易融化。根据研究[20, 34]，汗马保护区所在地近 40 年来气温上升了 1.10℃。多年永冻土温度升高，南部的多年永冻土消失，南界北移。永冻土由连续分布退化为不连续分布，土壤的养分、水热属性都发生了变化。相应的，这也影响了树木的生长变化。在一定的条件下，随着永冻土的退化，湿地面积将缩小，以兴安落叶松为主的寒温带明亮针叶林将移向更冷的北部，中生植被取代湿地植被。永冻土是汗马保护区不可忽视的地理要素，在植被与气候相互影响与作用、协同进化中发挥着重要作用。

↑ "云霄飞车"的体验：道路变得崎岖不平，是汗马保护区内永冻土发生变化的最直观体现。由于永冻土的消失和下沉，使得原有平整的路面变得起伏难辨，时不时就如坐上"云霄飞车"一般。每年，当地政府都要花费大量财力来修整道路。

丰富的植物多样性

植物多样性

汗马保护区地处寒温带，虽然这里气候寒冷，但是地形平缓，土层薄且透气性好，因此这片原始秘境中生长着多种多样的植物种类。根据最新科学考察结果，汗马保护区内分布有野生高等植物 608 种，隶属于 105 科 290 属，其中苔藓植物 33 科 52 属 76 种，蕨类植物有 10 科 14 属 20 种，裸子植物 2 科 4 属 5 种，被子植物 60 科 220 属 507 种；国家重点保护野生植物 3 种、内蒙古自治区省级珍稀植物 15 种。另外，还分布有 52 种地衣植物、179 种大型真菌等丰富多彩的低等植物[1]。汗马保护区是寒温带地区的植物王国[35-37]。

走进汗马保护区这座巨大的植物王国之前，我们需要先了解以下知识[38]。

1. 植物区系（flora）

植物区系指的是某一地区所有植物种类的总和。它是组成各种植被类型的基础，也是研究自然历史特征和变迁的依据之一。

2. 维管束植物

维管束植物是植物的一个类群。维管束彼此交织连接，构成初生植物体输导水分、无机盐及有机物质的一种输导系统——维管系统，并兼有支持植物体的作用。根据维管束的有无可划分高等植物与低等植物，故维管束植物亦可称为高等植物。

3. 维管束植物包括哪几类？

维管束植物主要包括三大类：裸子植物、蕨类植物和被子植物（双子叶植物、单子叶植物）。

（1）蕨类植物（Pteridophyta）

具有根、茎、叶分化，不产生种子的一类低等维管植物。是一群进化水平最高的孢子植物，也是陆生植物中最早分化出维管系统的植物类群。大都为草本，少数为木本。

⊕ 裸子植物——偃松
（*Pinus pumila*）

（2）裸子植物（Gymnospermae）

现今存活的裸子植物多为第三纪孑遗植物，被称为"活化石"。它们对于研究第四纪的气候变迁和植物的适应能力有很重要的学术价值。裸子植物是种子植物的一群，保留着颈卵器，具有维管束，能产生种子，但胚珠和种子裸露不形成果实，它在植物界中的地位，介于蕨类植物和被子植物之间。

裸子植物的孢子体特别发达，配子体十分简单而不能脱离孢子体独立生活，大多数有颈卵器；小孢子叶形成雄球花，大孢子叶形成雌球花，但没有被子植物生殖器官"花"的构造。绝大多数是多年生木本植物。

（3）被子植物（Angiospermae）

被子植物是种子植物的一群，属于植物界进化等级最高的一类，自新生代以来，它们在陆地上占据着绝对优势。现知被子植物共有1万多属，约25万种，我国有2700多属，约2.5万种，乔木、灌木和草木俱全，多年生、一年生和短命植物均有。

被子植物能有如此众多的种类和极其广泛的适应性，是与它的结构复杂化、完善化分不开的，特别是繁殖器官的结构和生殖过程的特点，为它适应、抵御各种环境提供了内在保障，使它在生存竞争、自然选择的过程中，不断产生新的变异，产生新的物种。被子植物的种子

⊕ 被子植物——接骨木（*Sambucus williamsii*）

外有果皮包被，具有根、茎、叶、花、果实和种子六种器官。由花萼、花冠（或花被）以及雄蕊和雌蕊形成生殖器官——花，心皮形成雌蕊，其下部合生形成包藏胚珠的子房，子房在受精后形成果实。

汗马中的高等植物

在历史长河中，野生植物对人类的生存和繁衍都功不可没；在今天的经济生活中，它们仍然占据着重要地位；在将来的发展中，这些资源有望做出更大的贡献。然而，随着经济的发展、人口增加、森林减少以及环境污染等，有大批的野生植物物种已经灭绝，还有更多的野生植物物种正遭受灭绝的威胁。因此，保护野生植物资源的形势非常严峻，刻不容缓！

在汗马保护区内，有钻天柳、樟子松、偃松、越橘、笃斯越橘、三花龙胆、秦艽（大叶龙胆）、黄芩、黄耆、蒙古黄耆、东北岩高兰、手掌参、卵叶芍药、兴安翠雀花、兴安升麻、草苁蓉、山丹、大花杓兰18种珍稀、濒危、保护植物[1]。

ZSTZ 知识拓展

高等植物的濒危等级

植物种类繁多，要在现今有限的人力、物力、财力下对所有的植物进行保护是不切实际的，因而就需要对植物根据一定的规则划定等级，根据等级的差异进行分级保护，以确保保持最大的生物多样性。

世界自然保护联盟（IUCN）是世界上规模最大、历史最悠久的全球性非营利环保机构，其在1963年开始编制及维护的《世界自然保护联盟濒危物种红色名录》（*IUCN Red List of Threatened Species*，或称IUCN红色名录），被认为是全球动植物物种保护现状最全面的名录，也被认为是生物多样性状况最具权威的指标。按照受威胁程度由高到低，IUCN红色名录的等级分为灭绝（EX）、野外灭绝（EW）、极危（CR）、濒危（EN）、易危（VU）、近危（NT）、无危（LC）、数据缺乏（DD）和未评估（NE）[39]。

在我国，对濒危、珍稀高等植物的拯救和保护同样也备受关注和重视。与之相关的有《中国珍稀濒危保护植物名录》（第一册）、《中国植物红皮书》（第一册）和《中国生物多样性红色名录·高等植物卷》等，各省市区也会发布自己地方的保护等级，足以看出我国对于濒危、珍稀高等植物的重视程度。

国家重点保护野生药材植物

根据 2012 年版的《国家重点保护野生药材物种名录》，在汗马保护区有分布的黄芩、三花龙胆和秦艽（大叶龙胆）3 种植物，为国家重点保护野生药材植物。

1. 黄芩（*Scutellaria baicalensis*）

黄芩也叫黄筋，它还有个好听的名字，叫作香水水草。黄芩是唇形科黄芩属的多年生草本植物，其根茎肉质、肥厚，径达 2cm，茎基伏地。株高 30—120cm，花期 7—8 月，果期 8—9 月。分布于汗马保护区海拔 903m、904m、1097m 的山上。

药用价值：黄芩的根茎是清凉解热的消炎药，对上呼吸道感染、急性胃肠炎等有疗效。少量服用黄芩的根茎能苦补健胃。

黄芩制剂、黄芩酊能治疗植物性神经的动脉硬化性高血压以及神经系统的机能障碍，能消除高血压的头痛、失眠、心部苦闷等症状。外用对葡萄球菌、白喉杆菌、溶血链球菌 A 型、霍乱、伤寒菌都有不同程度的抑制效用。

↑ 黄芩

2. 三花龙胆（*Gentiana triflora*）

三花龙胆是龙胆科龙胆属多年生草本植物。株高35—80cm，花果期8—9月。其根状茎短，具有很多略肉质且粗壮的须根。分布于汗马保护区海拔900m左右的沟谷地带，在牛耳湖的周围，塔里亚河岸边的湿地、灌丛以及林下。三花龙胆是药用植物，也是重要的园林景观植物。

药用价值：根茎入药，泻肝胆实火，除下焦湿热，主治高血压头昏耳鸣、肝胆火逆、肝经热盛、小儿高热抽搐、目赤肿痛、咽痛、胆囊炎、中耳炎、尿路感染、膀胱炎、胃炎、消化不良等。

⬆ 三花龙胆

3. 秦艽（*Gentiana macrophylla*）

秦艽（qín jiāo），又称大叶龙胆，是龙胆科龙胆属多年生草本植物，有些地方称之为"左拧根"。在世界上最早的药典《唐本草》中，秦艽称为秦纠（jiǔ）；明代医药学家李时珍在《本草纲目》中称其为秦胶；1933年，刘慎谔在其编写的《中国北部植物图志》中，称秦艽为大叶龙胆。秦艽株高20—60cm，主根粗大，长圆锥形，花果期7—10月。分布于汗马保护区海拔900—931m的沟谷地带，在牛耳湖周围，塔里亚河岸边的湿地、灌丛及林下。

药用价值：根入药，散风除湿、清热利尿、舒筋止痛。花入蒙药，清热、消炎。

自治区级保护植物

据 1989 年内蒙古自治区人民政府公布的《内蒙古珍稀濒危保护植物名录》，共收录濒危保护植物 100 种，其中一级保护的 6 种，二级保护的 38 种，三级保护的 56 种。汗马保护区有樟子松等 15 种自治区级珍稀濒危保护植物，其中二级珍稀濒危保护植物有樟子松、偃松、黄蓍、蒙古黄蓍、东北岩高兰、手掌参、钻天柳（国家Ⅱ级重点保护野生植物）、卵叶芍药、越橘、笃斯越橘 10 种；三级珍稀濒危保护植物有兴安翠雀花、兴安升麻、草苁蓉、山丹（细叶百合）、大花杓兰 5 种。

⊕　樟子松（*Pinus sylvestris* var. *mongolica*）

1. 樟子松（*Pinus sylvestris* **var.** *mongolica*）

樟子松是松科松属的第三纪子遗植物欧洲赤松在中国的地理变种，根据 IUCN 濒危物种等级划分，樟子松被评为易危种（VU）。

樟子松单株散生于汗马保护区海拔 940—1150m 的兴安落叶松林和偃松矮曲林间，独立成林的很少。樟子松是大乔木，树干通直，材质好，可做用材树种；干形美观，是理想的庭院绿化树种。樟子松具有耐瘠薄、防风、抗旱的特性，是三北防护林和防风固沙采用的主要树种。

由于对樟子松的砍伐，樟子松被列入濒危保护植物的范围，成为易危种。

2. 偃松（*Pinus pumila*）

偃松是分布于中国的松科松属五针松中唯一灌木树种，也叫矮松；其树干通常伏卧状匍匐于地，匍匐的大枝长达 10m 以上，也被称为爬松，但其生于山顶则直立丛生。现今，由于人们对偃松籽掠夺式的采摘，使得偃松数量越来越少，被列入了濒危保护植物的行列，根据IUCN濒危物种等级划分，偃松被评为易危种（VU）。

⊕　带松塔的偃松

汗马保护区的偃松分布在海拔850m以上的山地；在海拔950—1050m的山地，偃松生长在兴安落叶松林下；而在海拔1200m以上的山地，形成偃松矮曲林。偃松种子的营养价值很高，可食用、榨油。松子还有药用功效，能治疗风痹、头眩、燥咳、吐血、便秘等症；偃松顶芽可用作治疗肺病的药；花粉入药除风益气、燥湿止血；枝叶蒸馏液入药，可治疗慢性支气管炎、哮喘等。

偃松是适应能力极强的树种，在适应环境的同时，不断地改变自己，且对环境反应极其敏锐。研究表明，偃松可作为监视大兴安岭地区气候变化的监测指标，如果气温持续升高，我国偃松分布南端可能发生北移[32]。

⊕　恶劣环境下的偃松：主动地松软了枝条，伏在地面，在大雪中保护自己

偃松还有保持水土、涵养水源、防风抗风的作用。偃松抗严寒瘠薄的能力极强，其天然分布在森林植被的极限地带。无论多高的山峰，偃松也能爬到山顶；无论多硬的石头，偃松也能从石缝里生长出来。

冬季来临，偃松放松了枝干，匍匐在地，以躲避西北风的肆虐，缓解大雪的重压；春季来临，冰雪消融，偃松又挺直枝干，站了起来，迎接春天的阳光雨露，焕发出新的蓬勃生机。

⊕　雪后偃松

　　俄罗斯著名作家瓦·沙拉莫夫称偃松是"最富诗意的树"，《偃松》是他的代表作。沙拉莫夫讴歌和礼赞了俄罗斯原始森林与冻土带的偃松，也正是受偃松顽强不屈的精神鼓舞，沙拉莫夫在集中营中一次次战胜死亡，偃松也鼓励他在双目失明后继续写作。历经坎坷，偃松支撑了沙拉莫夫的生命，后人在沙拉莫夫的墓碑刻上了偃松树段的雕塑[40]。

3. 东北岩高兰（*Empetrum nigrum* var. *japonicum*）

东北岩高兰是岩高兰科岩高兰属常绿匍匐状小灌木，也叫欧亚岩高兰或东亚岩高兰。岩高兰属仅有这 1 个变种在我国有天然分布，且分布区域狭窄，

⊕ 东北岩高兰

数量稀少，主要在大兴安岭北部林区。它对于研究植物地理、系统发育有一定的科学价值。

东北岩高兰茎匍匐或斜生，高 20—50cm，叶线形或线状长圆形、革质，其果可食用，味酸甜，可入药。汗马保护区的东北岩高兰生长在海拔 900—1400m 的裸露碎石砾山顶、亚高山矮曲林带，与偃松丛伴生。其耐寒旱、耐贫瘠、喜光、抗风，还有水土保持的作用。

东北岩高兰主要靠根茎扩展克隆生长，匍匐的茎叶伸长到石砾的边缘进行光合作用，其产生的不定根在石缝间堆积的土壤中吸收水分和养分；匍匐的茎叶一边沿着石缝向光向上生长，进行光合作用，另一边匍匐茎最大限度地占领周围的土壤，以便在有限的土壤环境中，为伸出石缝的茎叶进行光合作用，提供最多的水分和养分。这或许是植物适应环境、分株间生理整合、分工合作、共同获取资源的一种方式[41]。

4. 越橘（*Vaccinium vitis-idaea*）

越橘是杜鹃花科越橘属常绿矮小灌木，地下有匍匐的根状茎，株高 10—30cm，叶片革质，环北极分布。叶入药，对尿道炎有疗效，可做茶饮。果可食用，能制作饮料、酒、果酱、糕点等。目前，对越橘的花青素、花色苷、基因组的研究已经很深入了。

越橘耐旱、喜光，普遍分布在汗马保护区内的针叶林、针阔混交林下和针、阔灌丛中，果实蕴藏量约为8394.39t。

5. 笃斯越橘（*Vaccinium uliginosum*）

笃斯越橘是杜鹃花科越橘属小灌木，耐水湿，高0.5—1.0m，串根生长，多成丛状。为我国高寒地区所特有，是大兴安岭北部地区最有价值的野生浆果树。果实酸甜可口，可酿酒，制成果酱、饮料。果实还可以提取天然色素、花青素、花色苷、抗氧化剂、类黄酮及多种微量元素。果实药用有解除眼疲劳、抗衰老、强心脏、抗癌的疗效。笃斯越橘已被联合国粮农组织列为人类五大健康食品之一。

⊕ 笃斯越橘

汗马保护区海拔 900—1200m 的各种林型中均有笃斯越橘分布，储量约为 791.31t。

6. 黄耆（*Astragalus menbranaceus*）

黄耆（qí），是豆科黄耆属多年生草本，也叫膜荚黄耆。主根长而肥厚，木质，茎直立，高 40—100cm。分布于汗马保护区 900—1100m 的山林中。

黄耆根就是人们常说的重要中药材黄芪，其药性补气固表、托疮生股。李时珍在《本草纲目》中言"耆者，长也，黄芪色黄，为补药之长，故名之"。现代医学表明，黄耆强心作用显著，能扩张血管，降低血压，还有持续的利尿功能，在消除尿蛋白方面有一定疗效。

↑ 黄耆

相传我国大学者胡适在 20 世纪 20 年代患上了消渴症，北京协和医院的西医认为无法医治，老中医给他开了黄耆汤，胡适试着服用后很快就好了，这让留洋回来不信中医的胡适彻底改变了对中医的看法。

7. 蒙古黄耆（*Astragalus mongholicus*）

蒙古黄耆与黄耆的区别是植株矮小，小叶较小，荚果无毛。其在汗马保护区的分布范围与黄耆相同。根入药，同黄耆，亦为黄芪。

8. 手掌参（*Gymnadenia conopsea*）

手掌参是兰科手参属多年生草本植物，也叫手参。块茎肉质、椭圆，下部掌状分裂，裂片细长似手指，是药食同源植物。根据 IUCN 划分，手掌参为濒危种（EN）。国家环保局 1987 年发布的《中国珍稀濒危保护植物目录》将其列为国家 II 级珍稀濒危植物。

块茎可入药，补肾益精，补气止痛。还能治疗肺虚咳喘、慢性肝炎、神经衰弱、消瘦、久泻、失血、带下、少乳等。手掌参是蒙药和藏药的常用药，在藏药中称"不老草"，还用于治疗脑萎缩、痴呆症等。由于所用部位是茎块，所以往往对手掌参的采集都是致死性的，导致整个种群全部被毁掉，因而，野生手掌参种群亟须保护。

在汗马保护区，手掌参数量极少，零星分布于海拔910—1000m的落叶松白桦林和草类白桦林中。

⊕ 手掌参

9. 大花杓兰（*Cypripedium macranthum*）

大花杓兰是兰科杓兰属多年生草本植物，又称大叶袋花，植株美丽，花紫色，花形较为奇特，花瓣呈杓状，花期6—7月。长在林缘、林下、草地腐殖质丰富和排水较好的地方。根状茎及花入药，具有很高的园林观赏值和经济价值。

大花杓兰在汗马保护区分布极少，见于海拔850—900m的林间。

⊕ 大花杓兰

10. 山丹（*Lilium pumilum*）

山丹俗称细叶百合，百合科百合属多年生草本植物，为中国特有种。花期7—8月，生长在山坡草地或林缘。地下鳞茎含淀粉，可食用，入药有养阴润肺、清心安神的疗效。花朵美丽，是园林花卉植物，也能提取香料。

在汗马保护区，山丹零星分布于海拔890—950m的阳坡草地和石质山坡。

⊕ 山丹

11. 兴安翠雀花（*Delphinium hsinganense*）

兴安翠雀花是毛茛科翠雀属多年生草本植物。喜生于河边草甸、山坡林

缘，全株可入药。6—7月开
花，花瓣紫蓝色，可做园林观
赏花卉植物。

兴安翠雀花在汗马保护
区内，零星分布于海拔900—
920m落叶松林和白桦林下。

⊕ 兴安翠雀花

12. 兴安升麻（*Cimicifuga dahurica*）

兴安升麻是毛茛科升麻属
多年生草本植物。茎高1m多，根茎粗壮，根状茎称"升麻"。生长于林缘灌
丛、草甸、疏林中。根状茎入药，能清热解毒，对牙痛、麻疹有疗效。在我
国分布于山西、河北、内蒙古、辽宁、吉林、黑龙江。

兴安升麻零星在汗马保护区数量极少，零星分布在海拔850—910m的
落叶松白桦林和草类白桦林下。

13. 草苁蓉（*Boschniakia rossica*）

草苁蓉是列当科草苁蓉属
多年生寄生草本植物。单种属
植物，根状茎水平伸张，圆柱
形，有直立的茎2—3条，茎
不分枝，粗壮。寄生在低湿地
或水边生长的毛赤杨或东北赤
杨的根上，靠吸收根的营养生
长，在《中国珍稀濒危保护植
物名录》中，被列为II级珍稀濒危植物。

⊕ 草苁蓉

药用价值：全株入药，为中药肉苁蓉的代用品，有补肾、壮阳、补精血、
润肠之效，主治腰关节冷痛、阳痿肾虚、便秘等。对列当科分类系统研究及
种质资源保存都有重要意义。

在汗马保护区境内，草苁蓉主要分布在海拔850—1000m，寄生在阴湿

生境的东北赤杨或沼泽地毛赤杨林的根上，汗马保护区蕴藏量为0.69t。

14. 草芍药（*Paeonia obovata*）

又称卵叶芍药，属于芍药科芍药属多年生草本植物。根粗壮，呈圆柱形，根入药，有养血调经、活血、凉血、散瘀止痛的功效。生长于草甸、山沟、山坡及杂木林、林缘灌丛中。

在汗马保护区内，卵叶芍药的数量极少，分布于海拔920—930m的山林间。

⊕ 草芍药

蕨类植物

蕨类植物是高等植物的一大类群，具有根、茎、叶分化，但不产生种子的一类低等维管植物。最早出现于晚古时代，也是最繁盛的时代，是一群进化水平最高的孢子植物，也是陆生植物中最早分化出维管系统的植物类群，大都为草本，少数为木本。现在人类最重要的能源之一——煤炭，就是大量的古代蕨类植物所形成的。现在地球上的蕨类植物约有12000多种，广泛分布于世界各地，尤以热带和亚热带最为丰富。我国是世界上蕨类植物种类最丰富的国家之一，其中许多种类为药用植物，还有一些作为蔬菜之用，另有一些是淀粉植物。它们大都喜生于温暖阴湿的森林环境，成为森林植被中草本层的重要组成部分，不仅对森林的生长发育有着重大影响，同时可以作为监测环境变化的指示植物。

中国约有 2600 种蕨类植物，由于汗马保护区地处寒温带，气候干冷、生长季过短，因而并不适合蕨类完成生活史，所以这里分布的蕨类植物少，多样性较低，共计有 10 科 14 属 20 种。

⊕ 草问荆（*Equisetum pratense*）（左图）和蕨（*Pteridium aquilinum*）（右图）

蕨类植物的繁殖方式是与高等植物最大的区别之一：蕨类植物是通过孢子繁殖的，有孢子体与配子体之分。孢子体（即通常所谓绿色蕨类植物）依然有根、茎、叶的器官分化，且孢子体的形体在近代植物界中最为多种多样。孢子成熟后从孢子囊内以特种巧妙的机制——环带，被散布出来，落地后萌发生长成为原叶体，这个叫作配子体。配子体的形体甚为简单，为不分化的叶状体、块状体或分叉的丝状体等。

ZSTZ 知识拓展

环带

环带存在于蕨类植物的孢子囊上，其精妙之处在于它的内侧和外侧的吸水性不同，当潮湿时，内侧吸水多膨大，孢子囊涨破，将孢子弹出。环带对于孢子的散布有重要作用。

苔藓植物

苔藓植物约有23000种，遍布世界各地，我国有2800多种。在汗马保护区分布有苔藓植物76种，其中苔纲7科9属13种，藓纲26科43属63种。泥炭藓科（Sphagnaceae）泥炭藓属（*Sphagnum*）是种类最多的，总种数达到11种，这与汗马保护区拥有齐全的森林湿地类型有密着不可分的关系。

苔藓植物是一类小型的多细胞绿色植物，多生于阴湿的环境中，还可生于种子植物及蕨类植物的叶面上。植物体有假根和类似茎、叶的分化，简单的种类呈扁平的叶状体。植物体的内部构造简单，假根（rhizoid）是由单细胞或单列细胞组成。无中柱，只有在较高等的种类中，有类似输导组织的细胞群。由于没有真正根、茎、叶的分化，不具维管组织，故个体均矮小，最大的种类也只有数十厘米高。但苔藓植物具有颈卵器和胚，是高级性状，因此它也是高等植物的一类。

苔藓植物是植物界的拓荒者之一，具有很强的吸水和适湿特性，对防止水土流失和对植物群落的初生演替具有很重要的意义。此外，由于其对环境变化的敏感性较强，常作为环境监测的指示植物。

⊛ 各种各样的苔藓：一眼看过去就知道它们结构简单，矮小

粗叶泥炭藓（*Sphagnum squarrosum*）　　　　　大金发藓（*Polytrichum commune*）

汗马保护区内多样的苔藓植物

泥炭与泥炭藓都有很高的持水量，科研人员在保护区取表层 30cm 的泥炭藓样品，烘干后测得其含水量是泥炭藓干重的 18.82 倍，即一吨泥炭藓可以持水 18.82 吨，可以说这一泥炭藓沼泽森林类型是一座名副其实的大水库。

⊕ 水藓落叶松林

大型真菌

在西伯利亚，有这样一句谚语："蘑菇是森林的孩子。"

大型真菌，俗称蘑菇，是我们这颗蓝色星球上的"老原住民"了。早在 4 亿年前，大型真菌就已在地球上肆意生长。通常，它们生长在阴暗的落叶下、腐烂的树木里或者土壤中。在汗马保护区的兴安落叶松林、白桦林、樟子松林、偃松灌丛等各种森林群落内的地上、立木、倒木上，以及枯枝落叶、腐殖质上，可以很容易地发现它们的身影。

大型真菌是由无数精致的细丝组成，好像蜘蛛网。大型真菌一生都是这样隐蔽生长，只是在大多数情况下，它们的子实体长出了地面。

根据野外调查采集的大型真菌标本和查阅文献资料[42-43]，现在已知汗马保护区大型真菌有29科72属179种，其中食用菌25科58属128种，占我国已知食用菌总数量的13%。

食用菌

食用菌是指可供人类食用的大型真菌，它们具有肉眼可见、徒手可采、具不同形状的子实体，生于地上或地下[44]。

食用菌味道鲜美、营养丰富，具多种保健功能，被联合国粮农组织誉为21世纪的健康食品。食用菌的营养特点是高蛋白、氨基酸平衡，低脂肪、低糖、低热量，富含多种维生素和矿物质、高膳食纤维。食用菌还含有丰富的多糖、多肽等生物活性物质，对提高人体免疫功能、消除亚健康等具有显著的效果。

⊛ 紫红小牛肝菌（*Boletinus asiaticus*）
夏秋季于落叶松林地苔藓或腐木桩附近单生或群生。有人采集晒干后食用。

⊛ 侧耳（*Pleurotus ostreatus*）
夏季至秋季丛生于各种阔叶树枯立木、倒木、伐桩、原木上，导致木材白色腐朽。此种子实体肥嫩，味道鲜美。可入药。

⊛ 灰离褶伞（*Lyophyllum cinerascens*）
秋季单生于阔叶树林地上。单个块茎上丛生一
团子实体。此种菌肉肥厚，味道鲜美，属优良
食用菌。

⊛ 荷叶离褶伞（*Lyophyllum decastes*）
秋季丛生或单生于针阔混交林或杨桦林地上。
可食用，味美，是优质野生食用菌之一。

ZSTZ 知识拓展

1. 重要的分解者——木材腐朽真菌

木材腐朽真菌是指生长在木材上的一类真菌，能够降解木材中组成植物细胞壁的木质素、
纤维素或半纤维素。

木材腐朽真菌作为森林生态系统的组成部分，它们通过分泌产生各种生物酶，将木材
中的纤维素、半纤维素和木质素分解成为可被其他生物利用的营养物质，是分解纤维素和
木材原始成分木质素的主要动力，在森林生态系统物质循环和能量流动中起着关键的降解
还原作用。

同时，木材腐朽
真菌还是重要的生物
资源，与人类的生产
与生活密切相关，具
有重要的经济价值。

木腐菌的大部分
种类为腐生菌，它们
在森林生态系统中起
着关键的降解还原作
用，从森林生物学和
生态学角度来看，木

⊛ 汗马保护区内的木腐菌
绒毛栓菌（*Trametes pubescens*）（左）
二型云芝（*Coriolus biformis*）（右）

腐菌是森林生态系统中的一个组成部分。但有些木腐菌不但能分解倒木和腐木，而且能侵染活立木，导致根部、干基、心材、边材或整个树干腐朽，侵染根部的种类能在短期内造成树木死亡，侵染其他部位的种类通常也造成树木死亡。因此从经营和保护森林的角度讲，它们对树木的生长有害。

2. 真菌与植物的共生——外生菌根菌

生物间的共生关系不仅出现在动物上，在真菌上也可以体现。许多大型真菌会和高等植物的根系形成共生关系，我们称之为外生菌根，菌根的形成是自然界很普遍的生态现象。虽然人们发现这种现象已经有百年历史，但在农林业中应用则是近30年来才迅速发展的。现今，国内外十分重视生产菌根的研究，对人类的社会生产活动有着重要的意义。

外生菌根菌是真菌与高等植物的根部形成的菌根合体，宿主和菌根菌的代谢产物经过哈氏网的网络做双向运转。我国有外生菌根的主要树木有栎、松、柳、椴、枫、胡桃及桦科等；菌根真菌中有许多是珍贵的食用菌，如牛肝菌、松茸（松口蘑）、松乳菇等经常出现于松林及云杉林。

这种具有共生共栖作用的菌根菌，具有明显的经济效益和环境效益。不仅可以使木材的产量提高，而且能提供大量美味可口的蘑菇。大量研究报道已证明，外生菌根菌有利于在贫瘠土壤生长出茂盛树林，在低营养土壤环境中，外生菌根菌的感染力仍然较强，使大部分植物有了共同的开拓者。在获得大量速生树的同时，也能同时获得可以同主产品同样或更高价值的菌类。

毒蝇鹅膏菌（*Amanita muscaria*）
夏秋季于林中地上群生，此蘑菇因可以毒杀苍蝇而得名，所含毒蝇碱等毒素对苍蝇等昆虫毒杀力很强，可用于农林生物防治。

柠檬黄蜡伞（*Hygrophorus lucorum*）
秋季于针叶林地上群生或散生，可食用，属树木外生菌根菌。

皮革黄丝膜菌（*Cortinarius malachius*）
秋季于针叶林地上群生。食用口感较差。树木外生菌根菌。

血红菇（*Russula sanguinea*）
松林地上散生或群生。可食用。树木外生菌根菌。

药用菌

药用菌指有一定药用价值的菌类，如抗癌、降血压、降血脂、健胃和助消化等功效，通常情况下也可食用，其实也属于食用菌家族的一员。

➲ 梨形灰包（*Lycoperdon pyriforme*）
夏秋季于林中地上、枝物或腐木桩基部丛生、散生或密集群生。幼时可食；老后内部充满孢丝和孢粉，可药用止血。

➲ 白刺灰包（*Lycoperdon wrightii*）
在林地上往往丛生一起。药用可止血、消炎、解毒。

➲ 黄伞（*Pholiota adipoa*）
秋季生于杨、柳、桦等的树干上，有时也生于针叶林树干上，单生或丛生。可食用，味道较好，营养丰富，其菌盖部分的黏液可提取多糖，对肿瘤有一定的抑制作用。

⊛ 血红铆钉菇（*Chroogomphis rutilus*）
夏秋季于松林地上单生或群生。菌肉厚，食用味道较好。药用可治疗神经性皮炎。是针叶树木重要的外生菌根菌。

⊛ 珊瑚状猴头菌（*Hericium coralloides*）
夏秋季生倒腐木或枯立木桩或树洞内。实体肉质，形似珊瑚，鲜时白色，干后浅黄色。可食用，其味鲜美。现已栽培成功，可以大规模生产。可药用，能助消化、治溃疡以及滋补强身、治神经衰弱、身体衰弱等。

⊛ 小鸡油菌（*Cantharellus minor*）
混交林地上群生，有时丛生。可食用，味鲜美。树木外生菌根菌。可药用，清目、利肺、益肠胃；含有维生素 A，对皮肤干燥、夜盲症、眼炎等有治疗作用。

⊛ 硫磺菌（*Laetiporus sulphureus*）
生于柳、云杉等活立木树干、枯立木上。幼时可食用，味道较好。药用，性温、味甘，能调节机体、增进健康、抵抗疾病，对人体可起重要的调节作用。

➲ 灵芝（*Ganoderma lucidum*）
　生于阔叶林内伐桩上，有时生于针叶树干基部。能引起立木干基腐朽。灵芝是健康食品之冠，以整体成分的效果来调整人体生理机能，《神农本草经》将灵芝列为上品。

➲ 桦褶孔菌（*Lenzites betulina*）
　夏秋季于桦、杨等阔叶树腐木上呈覆瓦状生长，有时生云杉、冷杉等针叶树腐木上。药用腰腿疼痛、手足麻木、经络不舒、四肢抽搐等病症。木腐菌，被侵害活立木、倒木、木桩的木质部形成白色腐朽。

➲ 木蹄层孔菌（*Fomes fomentarius*）
　于桦、杨、柳等阔叶树干上或木桩上多年生。往往在生境阴湿或少光的生境出现棒状畸形子实体。药用有消积化瘀作用，其味微苦，性平。引起木材白色腐朽。

毒菌

　　毒菌，即毒蕈，亦称毒蘑菇，一般是指大型真菌的子实体食用后对人或畜禽产生中毒反应的一类菌。作为一个含毒类群，毒菌种类多，分布广泛，自然界的毒菌估计达 1000 种以上，而我国至少有 500 种。目前已知汗马保护区内就有 25 种。毒菌中毒往往是误采、误食而引起，属于食物中毒，轻者影响身体健康，重者导致生命危险甚至死亡。

　　⊛ 毒红菇（*Russula emetica*）
夏秋季于林中地上散生或群生。食后主要引起胃肠炎症，如剧烈恶心、呕吐、腹痛、腹泻，严重者面部肌肉抽搐或心脏衰弱或血液循环衰竭而死亡。一般及时催吐治疗。

　　许多毒菌生态习性与食用菌相似，特别是绝大多数的毒菌，与野生食用菌形态特征不易辨别，甚至许多毒菌同样味道鲜美，让人掉以轻心，使得误食毒蘑菇的概率大大提高！**当您外出游玩时，除非身边有专业人员或是专家在场，不然野外发现的蘑菇不要随便采，更不要轻易食用，一定要提高警惕！**

　　⊛ 毛头鬼伞（*Coprinus comatus*）
春季至秋季的雨季生长于林缘、道旁。一般幼时食用，但会中毒，尤其与含酒精类同食易中毒。

野外识别毒菌及其中毒类型

在野外游玩时，很容易就能发现"躲藏"在草木下的真菌，但是又苦恼不会分辨哪些是有毒真菌，哪些是无毒的可食用菌，怎么办呢？没事，下边几个小技巧，虽然不是 100% 具有科学依据，但也结合了一些前人的经验之谈和辨别的普适规律，能够教会你如何快速、初步地辨别毒菌，筛选出一大部分具有"潜在危险"的真菌！

——**对照法：**提前准备好有关的彩色蘑菇图册或手册，逐一辨认采摘的食用菌或毒蘑菇。

——**看生长环境：**可食用的野生菌多生长在清洁的草地或松树下，而有毒的野生菌往往生长在阴暗、潮湿的肮脏地带。

——**看形状：**毒蘑菇一般比较黏滑，菌盖上常粘些杂物或生长一些像补丁状的斑块。生长有疣、红斑、沟托、沟裂，或者帽子上有疙瘩，菌子上有菌托、菌环的一般都是有毒的野生菌。无毒的野生菌很少有菌环，其伞面平滑，菌面上无轮，下部无菌托。

——**观颜色：**毒蘑菇颜色鲜艳呈金黄、粉红、白、黑、绿等，简单说就像鲜艳好看、惹人眼球的那些"艳丽公主"一般。菌伞上也会有红紫、黄色或杂色斑点，采摘后容易变色。而无毒蘑菇多为咖啡、淡紫或灰红色，平淡无奇，如"灰姑娘"一样。

——**闻气味：**一般而言，毒蘑菇有辛辣、恶臭等味。而可食用的菌类则有菌子固有的淡香味，无其他异味。

——**看分泌物：**将采摘的新鲜野蘑菇撕断菌杆，无毒的分泌物清亮如水（一些种类为白色），菌面撕断不变色；有毒的分泌物稠浓，呈赤褐色，撕断后在空气中易变色。

——**试验法：**如果随身带有牛奶，可用少量新鲜牛奶洒在菌面上，如果牛奶在菌表面上发生结块现象，则很大可能是有毒的菌子，反之则无毒。

以上方法仅适用大部分毒菌，有少部分"狡猾"的毒菌会成为"漏网之鱼"，因而在野外发现真菌时，一定要小心谨慎！

毒菌中毒类型[45]

——**肠胃类型：**此型中毒潜伏期短，食后 10 分钟至 6 小时内发病。主要为急性恶心呕吐、腹泻、腹痛等，致死率低，容易恢复。此类是极为普遍的中毒类型。

——**神经精神型：**此型反应可为神经兴奋、神经抑制或精神错乱以及出现幻觉症状等。对于绝大多数毒菌中毒来讲，开始多出现胃肠道症状，但病情发展不同。

——**溶血型：**潜伏期长，约 6 小时或更长。发病后除有恶心、呕吐、腹痛、头痛、瞳孔散大、烦躁不安外，由于红血球被迅速破坏，而在一到两天内很快出现溶血性中毒症状。最严重时，会因肝脏严重受损害或心脏衰竭而死亡。

——**肝脏损害型：**中毒潜伏期很长，一般达 6 小时以上，最长可达一到两天甚至更长。毒性强，会对肾脏、中枢神经系统及其他内脏组织造成损害，病死率达 90%—100%。

——**呼吸衰竭型：**此类中毒案例较少，主要症状为中毒性心肌炎、急性肾功能衰竭和呼吸麻痹。无昏迷和副交感神经兴奋样症状。也无黄疸、肝大，其肝功能正常可与前面各类型相区别开来。

——**光过敏性皮炎型：**潜伏期 24 小时至 48 小时。当毒素经过消化系统吸收后，使机体细胞对日光敏感性增高，特别是太阳照射的部位出现皮炎，如面部和手臂肿胀，嘴唇肿胀而翻起，同时出现火烧般及针刺样疼痛，病程达数天之久。一般随着毒性的消失或服用抗过敏药物亦可痊愈。

需要再提醒一遍：如果在野外碰到不认识或识别把握不高的真菌种类时，珍重生命！不要贸然采摘，更不要轻易食用，一定要提高警惕！

汗马的动物世界

汗马中的动物

汗马保护区属古北界、东北区、大兴安岭亚区、大兴安岭北部山地省，内有山地森林、湖泊、沼泽和草塘等多种复杂的生境类型，以寒温带栖息类型的野生动物为主。由于保护区独特及相对多样的生境，表现出野生动物资源的多样性。另外，汗马保护区还是驼鹿和驯鹿在我国的集中分布区和最佳栖息地。

根据最新的调查统计[1]，保护区内分布有 51 种兽类，被列为国家级重点保护野生哺乳动物有 10 种，其中紫貂、貂熊、原麝为国家一级保护动物，狼、猞猁、棕熊、水獭、马鹿、驼鹿和雪兔为国家二级保护动物。共有鸟类 205 种，隶属于 17 个目、44 个科。其中非雀形目鸟类 113 种，占本区鸟类种数的 54.9%；雀形目鸟类 92 种，占 45.1%。

⊕ 汗马具有代表性的物种：驼鹿、黑嘴松鸡、雪兔、雪鸮

⊕ 汗马部分物种

⊕ 汗马部分物种

严寒中的自由生灵

1. 驼鹿（*Alces alces*）

驼鹿别称堪达罕（满语），是国家 I 级重点保护野生动物。在我国，驼鹿仅分布在大兴安岭及小兴安岭北部，是环北极地区寒温带动物群的典型代表之一。驼鹿在不同地区有着不同的名字，在北美洲被称为"moose"，而在欧洲则被称为"elk"。我国驼鹿种群分布很少，汗马保护区的驼鹿是亚洲最南部的种群，更加珍贵。2016 年，汗马保护区设置的红外相机同时监测到 6 只驼鹿，这在我国尚属首次。

驼鹿头体长 2.4—3.1m，肩高 1.7—2.2m，雄性体重 360—600kg，雌性 270—400kg，是世界上最大的鹿科动物。驼鹿肢长、头大、面长，鼻形如驼；喉下有突起形成的囊状悬垂体，吻部突出；上唇肥大，掩盖住下唇；角主干展宽呈仙人掌状，由基部发出分支，平时显得十分优雅，但在秋季发情时便成为争夺配偶的锋利武器。

驼鹿属于典型的亚寒带针叶林动物，栖息于原始针叶林或针阔混交林中，多在林缘一带活动，也喜欢在平坦低洼地带、林中旷地、林中沼泽活动，从不远离森林。保护区内的驼鹿主要分布在海拔 1200m 以下的地带，随着季节的变化其栖息地也有一定的变化。春季，驼鹿主要取食钻天柳、白桦等幼树的当年生枝条，卧息生境主要选择在兴安落叶松—白桦混交林。进入夏季，蚊虻类叮咬，气温升高，驼鹿喜欢低洼而开阔的区域，主要以小溪、水泡子、沼泽湿地等为采食生境和卧息生境。这些区域能提供营养丰富的水生植物，同时有利于散热和减少蚊虻类干扰。驼鹿常潜入水中取食水草或全身浸泡于水中，只露出鼻孔呼吸，以进行散热和躲避蚊虻。也常到山顶避暑，躲避蚊虫叮咬。秋季，驼鹿的生境选择个体间差异较大，针阔混交林、白桦林、小溪、水泡子、沼泽湿地等均可作为驼鹿的采食生境和卧息生境。冬季，驼鹿的采食生境和卧息生境主要集中在沟谷连片的灌丛湿地中，取食灌丛枝条，不远处有森林和碱泡子，以便补充盐分。驼鹿对夏季和冬季的栖息地都具有很强的依赖性，尤其是妊娠的雌性驼鹿或带小崽的雌性驼鹿[46]。

为了适应严寒的天气，驼鹿演化出了很多适应性特征：①巨大的体形使得驼鹿每天都需要采食大量的枝叶类食物，每天要吃掉20kg的植物。驼鹿和牛一样进食后反刍，最喜欢吃木本植物的叶和嫩枝，如柳、桦、杨、榛和红松当年的嫩枝。从10月到翌年3月也啃食树皮，一年中有8—9个月的时间采食木本植物，只在7—10月上旬才大量采食多汁的草本植物。此外，驼鹿还有舔食盐碱的习性。②虽然驼鹿看起来高大笨拙，但它的动作相当灵活，能够在积雪60cm深的地上自由活动，可以以55km/h的速度一口气接连跑上几个小时。③它还能拖动千斤重的身躯跳高去取食高处的嫩叶。④驼鹿的听觉和嗅觉都很灵敏，但是个"近视眼"。可别因此小瞧了它，凭借这双"近视眼"，驼鹿能潜到5—6m深的水下去觅食水草，可谓是"辟水金睛兽"[47]。

近年来，由于森林采伐、经济开发，其分布区大为缩减，数量亦显著减少。内蒙古汗马国家级自然保护区开展驼鹿的相关研究表明：汗马保护区处于中国驼鹿分布区海拔最高、温度最低（适宜于驼鹿生存）的位置，驼鹿遗传多样性最高。综上所述，未来汗马保护区及邻近区域或成为驼鹿扩散和迁移的庇护所。因此，专家们建议将汗马作为显著进化单元，进行重点保护[48-49]。

⊕ 驼鹿♂（左）与驼鹿♀（右）

角：仅雄性驼鹿具有的独特的掌状角，叉数多少可反映驼鹿不同年龄

嗅觉和听觉敏锐，但是视力不太发达，与它长期生活在林中有关

肩高于臀，名字取意也是于此

短小的尾巴

上唇发达，厚度超下唇的两倍，是摄食的重要工具

颌囊：雄性发达的颌囊，雌性较小

细长的四肢，身躯高大却不笨拙，能够在池塘、湖沼中涉步、游泳、潜水和觅食等

驼鹿是世界上体形最大和身高最高的鹿类，肩高接近 2m

⊕ 驼鹿的外形

⊕ 驼鹿冬季足迹与踩出的兽道

⊕ 驼鹿潜水觅食及采食的水草食痕及粪便

⊕ 红外相机拍摄的成年雄性驼鹿

⊕ 驼鹿母子

2. 驯鹿（*Rangifer tarandus*）

驯鹿主要分布于北半球的环北极地区，在中国，驯鹿只见于大兴安岭，汗马保护区是驯鹿种群的栖息地之一。

驯鹿头体长 1.2—2.2m，肩高 0.94—1.27m，体重 91—272kg。冬季被毛颜色深灰，夏毛则为褐色，腹部为白色。不同于其他鹿类，驯鹿雌雄都有角，角的分枝繁复是其外观的主要特征，有时会超过 30 叉，因而驯鹿又名角鹿。驯鹿的食物主要是石蕊，也吃问荆、蘑菇及木本植物的嫩枝叶[50]。

人类和驯鹿之间的关系可谓源远流长，早在 2500—3000 年前的旧石器时代晚期岩画中，就已经出现了驯鹿的生动形象；早在 5 世纪的中国古籍《梁书》中，就有了关于北方饲养驯鹿部落的文字记载。在广袤的欧亚大陆北方，从北欧拉普人到中国的使鹿敖鲁古雅鄂温克人都驯养使役着驯鹿，就连北美阿拉斯加的因纽特人也自 1892 年起，从西伯利亚引进驯化后的驯鹿，开始进行饲养，因此驯鹿也被誉为是"北方冰雪世界中的骆驼"。西方传说中为圣诞老人拉雪橇的也正是 4 头驯鹿，可见驯鹿在人类文化中的影响力之大。

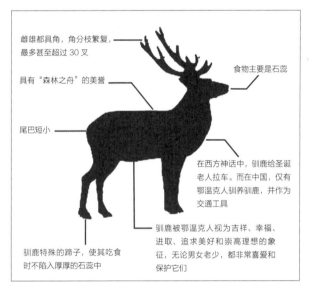

雌雄都具角，角分枝繁复，最多甚至超过 30 叉

具有"森林之舟"的美誉

尾巴短小

食物主要是石蕊

在西方神话中，驯鹿给圣诞老人拉车。而在中国，仅有鄂温克人驯养驯鹿，并作为交通工具

驯鹿被鄂温克人视为吉祥、幸福、进取、追求美好和崇高理想的象征，无论男女老少，都非常喜爱和保护它们

驯鹿特殊的蹄子，使其吃食时不陷入厚厚的石蕊中

⊕ 驯鹿的外形

⊕　汗马保护区内的驯鹿

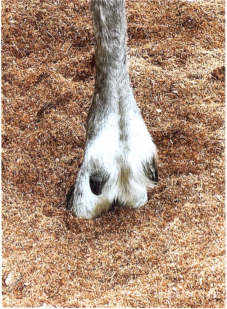

⊕　驯鹿及它的蹄子

3. 马鹿（*Cervus elaphus*）

别称红鹿、赤鹿，是国家Ⅱ级重点保护野生动物。马鹿是仅次于驼鹿的大型鹿类，因体形似骏马而得名。马鹿仅雄性有角，多为6叉，极个别可达9—10叉；体重越大，角也越大。马鹿有舔食盐碱的习性，夏天有时到沼泽或浅水中进行水浴。

❀ 马鹿

4. 原麝（*Moschus moschiferus*）

俗称香獐子，是国家Ⅰ级重点保护野生动物，被IUCN列为易危（VU）。原麝为我国特有的珍稀濒危野生动物，具有重要的科学研究价值，受到国际国内社会的普遍重视。汗马保护区是我国原麝分布的北端，也是我国原麝残存数量较多的地区之一。

原麝体小，雌雄均无角。体长不及1m，体重8—13kg。雄性上犬齿外露，作为争夺配偶和防卫的武器，雌性上犬齿不外露。四肢细长，后肢长于前肢，故臀部较肩部高；尾甚短。雄性腹部有囊状麝香腺，能分泌麝香。多生活在海拔1000—1500m的针叶林或针阔混交林中，家域较为固定，活动规律性强，即使受惊后逃离领地也会很快返回。

❀ 红外相机监测到的原麝

5. 黑嘴松鸡（*Tetrao parvirostris*）

别名林鸡、细嘴松鸡，是国家Ⅰ级重点保护野生动物，数量稀少，在我国仅分布于东北大兴安岭、小兴安岭和长白山区，是一种典型的针叶林野生鸟类。

黑嘴松鸡是汗马保护区内最具代表性的物种之一，它形似家养的公鸡，是一种半树栖的陆禽。因为雄鸟会发出短促而清脆、类似木棒敲击的叫声，故当地老百姓都叫它"棒鸡"。它们的活动与觅食大都在白天，多以植物嫩枝、叶芽、果实、种子为食，喜食落叶松枝芽，夏季也食蜗牛、蚂蚁及蚁卵等。它们善于在地面上行走，一般较少飞行。降落前大多会先落到树上，仔细观察地面上的动静，没有威胁后才会落地。一遇危险，它们通常先站立不动，冷静观察，待危险迫近时便立即起飞，或者钻进茂密的灌丛以及倒木堆中隐匿。

黑嘴松鸡素有鸟类"舞蹈家"的美誉。每年4—5月凌晨3点左右，我们能欣赏到它们动人的求偶过程。清晨蒙蒙亮时，雄、雌鸡就会不约而同地聚集在具有稀疏高树的阳坡高处，形成求偶场。随后雄鸟们会在求偶场内发出"克克、克克"的叫声寻找雌性，一旦发现目标，它们就会昂首挺胸，闲庭信步，引颈长鸣，互相威慑着对方。它们时而面对面劲舞，舞步轻盈而急促，时而你进我退，步履一致而有序。它们那展开的尾羽，犹如"云彩雉尾开宫扇，日绕龙鳞识圣颜"（杜甫《秋兴（第五首）》）。雄鸟们不断地秀出它们的舞技和歌声，围绕着雌鸡各显风采；它们相互打斗、撕咬，甚至用翅膀打对方耳光，只为获得"女神"的青睐。经过激烈的淘汰角逐，最后胜利的"鸡王"，才能得到"奖赏"——与雌性黑嘴松鸡交配的权利。雌性黑嘴松鸡一旦选中意中人，便会迎上前去，不断地抖动着羽毛，并低声鸣叫，接受求婚。那只被选中的雄性黑嘴松鸡便会马上停止比舞，与雌性黑嘴松鸡紧紧相依，迅速消失在灌木丛之中。失败者只能黯然伤神，期待着下一个新娘的出现。黑嘴松鸡这样盛大而隆重的"歌舞大会"一般会持续一个多月，在5月上旬结束。

黑嘴松鸡的雏鸟是早成鸟，出壳绒毛干了以后就可以随着成鸟四处活动自行采食。此时的雌鸡斗气十足，如果有人接近雏鸟，它一定会摆出战斗的姿态。在汗马生活的黑嘴松鸡十分幸福，它们没有因为硕大的身躯惹来杀身之祸。这里没有枪声、毒饵、夹子，更没有覆巢、毁卵的违法行为。汗马保护区黑嘴松鸡的族丁兴旺，遇见率也比较高，是国内不多见的黑嘴松鸡集中分布区和避难所[51]。

⊛ 黑嘴松鸡♀

⊛ 求偶的黑
嘴松鸡♂

1. 雄性争斗

2. 经过争斗，只有胜出的"鸡王"
才有权利与十几只雌性黑嘴松鸡
交配

3. 胜者的怒号

4. 破壳而出的黑嘴松鸡幼雏

5. 黑嘴松鸡的粪便

6. 花尾榛鸡（*Bonasa bonasia*）

俗名飞龙、松鸡等，是国家Ⅱ级重点保护野生动物，为留鸟。

花尾榛鸡除繁殖季节外，多成小群活动。觅食时分散开，各自找食，但保持有一定的距离，并通过叫声来相互照应和相互联系。在繁殖季节，雌、雄鸟十分"缠绵"，如影随形，情意浓浓。雌鸟比雄鸟更为机警谨慎，稍有异常就独自飞走，待安静后，雌、雄鸟通过互鸣重聚[52]。

1. 花尾榛鸡
2. 花尾榛鸡的巢与冬天的卧迹

7. 乌林鸮（ *Strix nebulosa* ）

乌林鸮在我国是只有大兴安岭地区才有分布的鸟种，为国家Ⅱ级重点保护野生动物。在汗马保护区内是留鸟，为常见种。

乌林鸮全长约61cm，头大通体褐色与灰白斑杂，面盘以眼睛为中心形成两个黑白相间的同心环，嘴是黄色，这些是它们有

⊕ 乌林鸮

别于其他猫头鹰的主要特征。鸮类多是在比较空旷的地带居留，便于捕食，而乌林鸮栖息于针叶林和针阔混交林中，体形虽大却能在森林中穿梭自如，灵巧控制飞行的起伏翻转，准确捕食。乌林鸮的繁殖期为5—6月，一般不筑巢，会侵占其他猛禽和大型鸟类的巢。每窝产卵2—9枚，雌鸟孵卵，常常在林间捕食鼠类。别看它们平时性情温顺，动作缓慢得让人着急，一到繁殖季节，谁要是威胁它的巢、卵，一定会被它抓得头破血流、面目全非。

如果你细心观察，可以发现在乌林鸮巢穴下方，方圆二三十米内，没有它们的食团和排泄物，非常干净，这是为什么呢？原来呀，森林中有很多善于爬树的食肉目鼬科动物，它们会伤害乌林鸮的卵或者幼鸟，如果巢下有排泄物的话，会暴露乌林鸮的巢穴位置，而外出"上厕所"，则是乌林鸮应对这些危机的生存智慧和策略[53]！

与自然的殊死博弈

汗马保护区地处大兴安岭北段西北坡原始森林腹地，这里气候寒冷，部分地区终年积雪，低温是长期生活在这里的动物们所面临的一个挑战，来看看它们有什么对策吧！

1. 冬眠

在生态学中，冬眠即指一些恒温动物在冬季长时间不活动、不摄食而进入睡眠状态并伴随着体温和代谢速率降低的一种越冬对策。此时动物的能量消耗极低[54]。

（1）棕熊（*Ursus arctos*）

熊科动物是具有冬眠习性的典型动物之一。棕熊是我国Ⅱ级重点保护野生动物，在自然界中处于食物链的顶端，棕熊除人类之外，在野生状态下基本没有天敌，是名副其实的"陆地霸主"。棕熊体形粗胖，成年棕熊体重可达400—500kg，平均体长可达2m[55]，这使得棕熊成为陆地上食肉目体形最大的哺乳动物之一。我们一般只有在动物园里或电视节目中才能看到它们，然而在汗马保护区内，你有可能与它们"狭路相逢"。

假如你真的与棕熊发生了"亲密接触"，也不必惊慌，棕熊虽然凶猛但很正义，虽然强大但很善良。只要你主动退避三舍，它也会绕路而行、悄然离去。

⊕ 棕熊

（2）貂熊（*Gulo gulo*）

俗称狼獾或月熊，是现生最大的鼬科动物。我国仅见于东北大兴安岭和新疆阿尔泰山区。国家Ⅰ级重点保护野生动物，被列入IUCN易危（VU）。

不像一般鼬科动物身体细长，貂熊体形介于貂与熊之间，较粗壮。整体毛色为均一的暗褐色，体长

⊕　貂熊

80—100cm，尾长约18cm，肩高35—45cm，体重11—14kg，雌性比雄性小10%—20%。貂熊肛门附近有发达的臭腺，分泌出的臭液气味具有一定的防御功能。有时，貂熊会在臭液上打个滚，使臭味遍布全身，以逃脱捕食者。喜食蜂蜜，会利用尿液保存食物；有半冬眠的习惯，入眠之后随时可以醒来。

貂熊是大型食肉类中被人类研究得较少的物种，人们对其了解不多。已知貂熊主要以自然死亡或被其他食肉类捕食后剩下的大型有蹄类尸体为食，起到清道夫的作用，因此也被形象地称为"北方的鬣狗"。当然它们有时也会主动捕食如雪兔、驯鹿等猎物。由于栖息地丧失、猎物数量减少和偷猎等问题，导致现存的貂熊数量稀少。

狡猾的"偷鸡贼"

黄鼠狼大家都很熟悉，它的学名为黄鼬（*Mustela sibirica*），与貂熊同为鼬科，分布广泛。

黄鼠狼是一般意义上的鼬科动物，细长的身体与貂熊形成鲜明对比。依靠这个优势，黄鼬轻松穿过铁网、围栏，潜入笼舍中偷食鸡蛋甚至捕食家禽，化身"偷鸡贼"，也因此衍生了歇后语：黄鼠狼给鸡拜年——没安好心。

⊕　体形的差异
　　黄鼬的细长身体（左）
　　貂熊的粗壮的身体（右）

2. 更大的体形

在生态学中，有一则规律叫作贝格曼规律[54]，它指内温动物在冷的气候区，身体趋向于大；在温和的气候条件下，身体趋向于小，这是动物对低温环境的一种适应。动物的个体越大，其相对体表面积越小，单位体重的相对散热也越小，这在低温环境下，对于维持体温稳定是有利的。在汗马保护区内，这个规律十分普遍。

[1][2] 1. 驼鹿：最大的鹿科动物
[3]   2. 貂熊：最大的貂科动物
    3. 雪兔：中国兔类体形较大的一种

3. 暖和的"外套"

如同人在冬天会穿上厚厚的羽绒服以取暖，动物们身上厚重的毛皮，是抵御严寒的"利器"之一。夏有夏衫，冬有冬衣，动物们也会通过"换衣服"——换毛或换羽，选择应季的衣服。

（1）雪兔（*Lepus timidus*）

雪兔，俗称白兔或蓝兔，是寒带、亚寒带代表动物之一，国家Ⅱ级重点保护野生动物，被列入 IUCN 易危（Ⅴ）。

雪兔是中国唯一冬毛变白的野兔，其毛色冬夏差异很大。夏毛色变深，多呈赤褐色；冬毛长而密，全身呈雪白色，厚密而柔软。冬毛除御寒外，雪白的毛色与环境融为一体，起到保护色的作用。雪兔足底毛长呈刷状，便于在雪地上行走防滑，像是"雪鞋"。

1. 雪兔的足迹
2. 洞穴通道和觅食点
3. 雪兔居住的洞穴

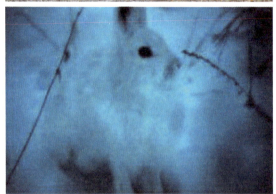

⊕ 雪兔的夏毛（上）和冬毛（下）

（2）猞猁（*Lynx*）

俗称山猫或野狸子，是国家Ⅱ级重点保护野生动物，被列入 CITES 附录Ⅱ。猞猁耳朵有长的毛簇，后肢较前肢长，体长 85—130cm，尾很短仅 12—24cm，体重 18—32kg。冬季，猞猁脚掌被浓密的毛覆盖，更适合在深雪上行动，具有雪靴的效果。

⊕ 红外相机监测到的猞猁

猞猁的视觉和听觉都很发达，是一种离群独居无固定窝巢的夜间猎手，极擅于攀爬及游泳，耐饥性强。猞猁在清晨和黄昏时活动频繁，活动范围依食物丰富度而定，存在占区行为，有固定的排泄地点。

（3）紫貂（*Martes zibellina*）

紫貂是国家Ⅰ级重点保护野生动物，别称黑貂或林貂，是亚寒带针叶林的典型动物之一，适应于气候寒冷、食物丰富的林区生活，紫貂仅分布于哈萨克斯坦、俄罗斯、蒙古、中国、朝鲜和日本6国，在我国只分布于东北地区，汗马保护区保护完好的寒温带针叶林是紫貂重要的栖息地。

紫貂善于攀树，行动敏捷灵巧。其毛色多样，最常见的是淡黄褐色或黑褐色。成年雄貂体重470—1010g，体长41.7—47.0cm；雌貂体重420—720g，体长34.0—47.0cm。两性的尾长均不超过头体长的一半。

紫貂食性较为广泛，以捕食小型啮齿类和鸟类为主，也采食松子、浆果等植物性食物。据《中国濒危动物红皮书：兽类》估计，我国东北地区的紫貂种群数量仅约6000只，不法分子为获取貂皮而进行的偷猎、生境丧失及破碎化是国内紫貂种群面临的最大问题。

1. 紫貂
2. 紫貂袭击的猛禽与现场粪便

4. 抱团取暖

抱团，也就是动物的集群行为。生活在北方的动物，可以通过集群减少个体能量损耗，共同抵御寒冷的冬夜。鸟类是恒温动物，一些小型鸟类如银喉长尾山雀（*Aegithalos glaucogularis*）的体重只有几克，为了维持体温，平日需要不断进食补充能量。但在冬天，小的体形意味着储存的能量很少，况且冬天很难找到充足的食物，也不像其他一些动物能通过冬眠或厚厚的"羽绒服"来抵御寒冬，许多银喉长尾山雀会在严冬中死亡。为了生存下去，它们学会了"抱团取暖"：它们成群地栖息，蜷缩一团，以此来减少热量的损失。通过"抱团取暖"，银喉长尾山雀节约了大量的能量，这就是它们能够存活下来的关键[56]。

⊕　银喉长尾山雀

ZSTZ 知识拓展

集群行为

集群行为在自然界中是十分常见的。生活在草原上的狮子、斑马、牦牛等都会集群活动，海里的鱼也会聚集起来形成鱼群等。这是长期适应和进化的结果：众人团结力量大，通过集群，可以提高捕食成功率、减少被捕食者发现的概率，具有群体力量防御天敌、保护幼崽等作用；同样地，对于捕食者，集群带来的团队合作也使其能够容易发现猎物、减少个体能量消耗和提高捕食的成功率[54]。

5. 寻找适宜的生境

如果上述方法都不适用，还有更加简单的方式，即迁徙——暂时离开极端环境，另外寻找适宜的生境生存，等环境条件变好之后，再回来生活。鸟类是迁徙的典型代表之一。

⊕ 保护区内一些迁徙的物种

| 1 | 2 | 　1. 黑耳鸢（*Milvus migrans*） | 2. 白鹡鸰（*Motacilla alba*） |
| 3 | 4 | 　3. 鸳鸯（*Aix galericulata*） | 4. 绿头鸭（*Anas platyrhynchos*） |

ZSTZ 知识拓展

鸟类的居留型

（1）留鸟：终年栖息在同一地区、不进行远距离迁徙的鸟类。

（2）候鸟：春季和秋季按照比较稳定的路线，在越冬区和繁殖区之间进行迁徙的鸟类。候鸟根据其旅居情况又可以分为以下三种类型。

①夏候鸟：夏季在某一地区繁殖，秋季到南方比较温暖的地区过冬，次年春季又返回该地区繁殖的候鸟。

②冬候鸟：冬季在某一地区越冬，次年春季到北方繁殖，时至秋季又返回该地区越冬的候鸟。

③旅鸟：候鸟迁徙过程中途经某一地区但不在该地区繁殖或越冬的鸟类。

（3）迷鸟：在迁徙途中因恶劣天气等因素使其偏离原迁徙路线，偶然到达其他地方的鸟类[57]。

汗马保护区内一些鸟类的居留型

|1|2|3|
|4|5|

1. 白腰朱顶雀（*Carduelis flammea*），冬候鸟

2. 鹊鸭（*Bucephala clangula*），夏候鸟

3. 小天鹅（*Bucephala clangula*），旅鸟

4. 花尾榛鸡（*Bonasa bonasia*），留鸟

5. 一对中华秋沙鸭（*Mergus squamatus*），迷鸟

动物生存的超凡智慧

除了应对恶劣的极端低温环境，汗马保护区内的生物还要时刻保持警惕，防止下一刻成为掠食者的"盘中餐"。为了生存，动物们展现了它们超凡的智慧。生态位是生态学里的一个概念，指一个种群在生态系统中，在时间和空间上所占据的位置及其与相关的所有种群之间的功能关系与作用。

1. "萝卜青菜，各有所爱"

在危机四伏的自然界中，不同物种同样有序分配着不同的食物资源。"萝卜青菜，各有所爱"，在汗马保护区内，这句俗语不仅体现了生物的取食偏好，同样体现着生存的"大智慧"。

通俗地讲，食物链是各种生物通过一系列"吃"与"被吃"的关系，将各种生物紧密地联系起来，这种生物之间以食物营养关系彼此联系起来的序列，在生态学上被称为食物链，食物链纵横交错呈网状就成为食物网。通过食物链和食物网，各种各样的生物有序地分配着自然中的资源[54]。

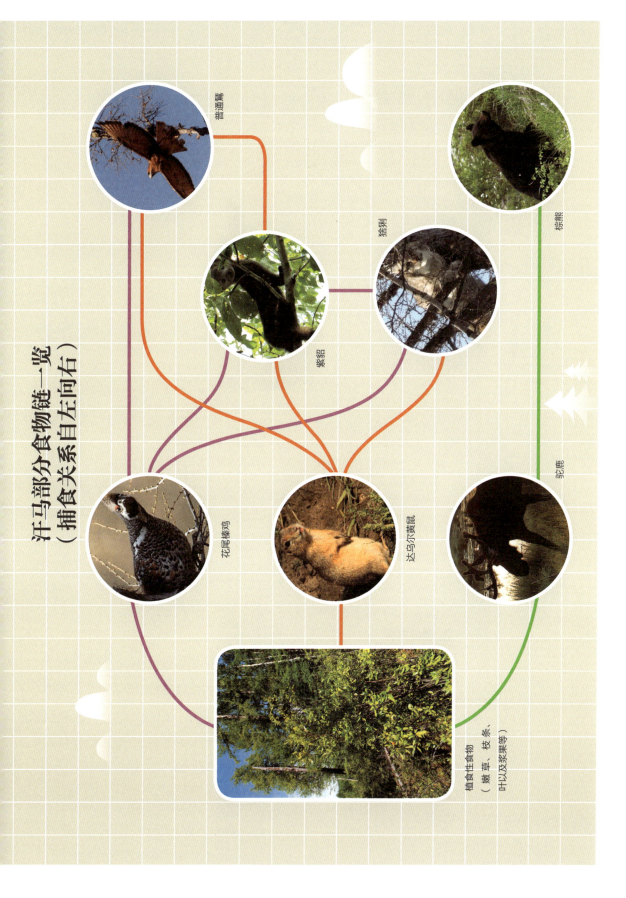

汗马部分食物链一览
（捕食关系自左向右）

普通鵟

棕熊

紫貂

猞猁

花尾榛鸡

达乌尔黄鼠

驼鹿

植食性食物
（嫩草、枝条、
叶以及浆果等）

1. 成语中的生态学

狡兔三窟：这是取材于兔子的生态学习性。不仅是雪兔，所有兔科动物都有2—3个巢穴，多相连。这样当一个巢穴被捕食者发现时，能安全转移到其他巢穴隐蔽，大大提高了生存的概率。

守株待兔：用以比喻那些妄想不劳而获，或死守狭隘经验、不知变通的人。但实际上，兔子可不傻。

兔子眼睛很大，置于头的两侧，为其提供了大范围的视野，得以"眼观六路，耳听八方"。但由于眼睛间的距离太大，需要转头才能看

⊕ 兔子宽阔的面部及两侧的大眼睛（图为雪兔）

清前方，在快速奔跑时往往来不及转动面部，导致其容易撞墙、撞树。

你还能想到哪些与动物相关的成语呢？不妨仔细想想有没有潜在的生态学的知识吧！

2. 生物富集

生物富集（或称为生物浓缩），是指生物有机体或处于同一营养级上的许多生物种群，从周围环境中蓄积某种元素或难分解化合物，使生物有机体内该物质的浓度超过环境中该物质浓度的现象。生物富集对于评价和预测污染物进入环境后可能造成的危害，以及利用生物对环境进行监测和净化等，均有重要意义[58]。

2. 适者生存

除食物外，对于自然环境的生存空间，生物们也有着自己独特的分配法则。例如鸟类，根据其生活方式和结构特征，大致可把它们分为6个生态类群，分别为游禽、涉禽、猛禽、攀禽、陆禽和鸣禽。这样的分类方法虽然科学严谨性不足，但可以比较快地区别鸟类[57]。汗马保护区拥有独特且多样的生境，不同的鸟类类群井然有序地占据着不同的生境，使得汗马保护区这个巨大的生态系统维持平衡。

汗马部分生态位

湖泊

凤头鸊鷉——游禽

林木的中层

黑啄木鸟——攀禽

云雀——鸣禽

湿地

大杓鹬——涉禽

地面及林木的地层

花尾榛鸡——陆禽

金雕——猛禽

汗马保护区
的不同生境

林木的顶层

因为生活于不同的环境里，鸟类的不同类群也逐渐发展出了相适应的形态特征[57]：

——游禽：这类鸟大多脚短，趾间有蹼，尾脂腺发达，一般有扁阔或尖的嘴。不善于在陆地上行走，喜欢栖息在水域环境中，善于游泳、潜水和在水中捕食，食鱼、虾、贝或水生植物及种子等，常在水中或近水处营巢。

——涉禽："三长"是这类鸟的特点，即嘴长、颈长、脚长。喜欢生活在水边，适于在浅水中涉行，但不会游泳，捕食鱼、虾、贝和水生昆虫等。

——猛禽：这类鸟体形一般较大，很多种类雌性体形大于雄性。嘴、爪趾有锐利的钩爪，翼宽大善于翱翔或者细长利于快速飞行，脚强大有力。性凶猛，捕食其他鸟类和鼠、兔、蛇，食腐肉。视觉器官发达，是凶猛的顶级掠食者。

——攀禽：这类鸟类型比较繁杂，足（脚）趾发生多种变化，多为两趾向前、两趾向后，多数种类不善于长距离飞行。脚短健，尾可以是除双脚外的第三个支点。大多营攀缘生活，主要在树干上取食昆虫，它们栖息的环境和林木分不开。

——陆禽：体格健壮，这类鸟嘴弓形，坚实粗壮，善啄，翅短圆，后肢粗壮，不适于远距离飞行，很适于在陆地上奔走及挖土寻食，以植物种子为食。

——鸣禽：这类鸟种类最多，几乎占现有鸟类的一半以上，三趾向前，一趾向后，体形小，鸣叫器官（鸣肌和鸣管）发达，善于鸣叫，能发出动听的鸣声。羽毛多明亮的颜色，体态轻盈，活动灵巧迅速，从树叶和树干取食昆虫，巧于筑巢。

保护区鸟类大观——陆禽

| 1 | 1. 黑嘴松鸡（*Tetrao parvirostris*）
| 2 | 2. 花尾榛鸡（*Bonasa bonasia*）

保护区鸟类大观——猛禽

1	2
3	4
5	

1. 乌林鸮（*Strix nebulosa*）

2. 雀鹰（*Accipiter nisus*）

3. 雕鸮（*Bubo bubo*）

4. 长耳鸮（*Asio otus*）

5. 凤头蜂鹰（*Pernis ptilorhynchus*）

黑夜的守望者——猫头鹰

猫头鹰是鸮形目鸟类的统称，是一种在夜晚活动的鸟类。因为它的脸大，耳羽突出、明显，使本目鸟类的头部与猫极其相似，故我们常称之为猫头鹰。但也并不是所有鸮形目鸟类都有耳羽，例如雪鸮、鬼鸮等。

除脸大之外，猫头鹰还有一双大眼睛，这使得它在捕猎过程中具有敏锐的感知能力，尤其在光线暗淡的环境下。但是，猫头鹰的大眼睛是被固定在眼窝之中的，无法转动，为了适应和生存，它们进化出了一种"绝活"：特殊的颈椎结构，使得猫头鹰的头能够灵活转动高达270°，足足是人类的3倍多！

事实上，与猫相比猫头鹰只是"形似而神不似"，猫头鹰和隼形目一起，所属鸟类都统称为猛禽，是心狠手辣的捕食者。

猫头鹰的"小耳朵"

仔细观察，我们可以发现，不少种类的猫头鹰头顶都有两个"耳朵"，看上去更像"猫"头了。实际上，这是头顶的两簇羽毛，称为羽簇，和耳朵其实没什么关系。

目前，羽簇的具体作用尚无定论，主流观点认为猫头鹰的羽簇可能有两大主要功能。第一，竖起羽簇可以让猫头鹰浑圆脑袋看起来不那么明显，有利于更好地隐藏自己。第二，羽簇的不同姿态可能属于猫头鹰的"肢体"语言，用以表达情绪：兴奋、警觉时，羽簇竖起；恐惧或发怒时，羽簇向后倒下[59]。

⊕ 乌林鸮（*Strix nebulos*）：猫头鹰灵活的脖子，能转动270°

⊕ 长耳鸮（*Asio otus*）的"萌系"大眼睛

⊕ 长耳鸮（*Asio otus*）：明显的耳羽

保护区鸟类大观——攀禽

1. 大斑啄木鸟（*Dendrocopos major*）（左）和三趾啄木鸟（*Picoides tridactylus*）（右）

2. 大杜鹃（*Cuculus canorus*）

3. 普通翠鸟（*Alcedo atthis*）

啄木鸟的防护结构

啄木鸟是"森林医生"。它们没日没夜地啄击树干，为什么不会得"脑震荡"呢？首先，啄木鸟早已进化出自己独有的"保护装置"：啄木鸟的脑很小且紧贴头骨，头骨结构疏松，其中充满空气，如同海绵一样，能够有效地消震。其次，啄木鸟的舌头很长且构造奇特：舌头从下颚穿出，绕脑袋一圈后，进入鼻孔固定，就像戴了一顶"安全帽"。每次啄击后，它的舌头都会迅速弹出以减轻震动。最后，啄木鸟每次啄击的角度近乎 90°，能有效减少侧向受力[60]。

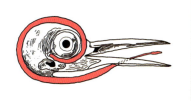

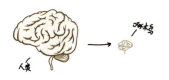

1 2　1. 啄木鸟奇特的舌头，类似"安全帽"
3 4　2. 啄木鸟每次啄击角度近乎垂直，减少侧向受力
　　　3. 人类的大脑和啄木鸟的小脑
　　　4. 疏松的头骨结构，保护和减震作用

保护区鸟类大观——鸣禽

1	2
3	4
5	

1. 红喉歌鸲（*Erithacus calliope*）

2. 北红尾鸲（*Phoenicurus auroreus*）

3. 太平鸟（*Bombycilla garrulus*）

4. 红胁蓝尾鸲（*Tarsiger cyanurus*）

5. 银喉长尾山雀（*Aegithalos caudatus*）

动物的通信

　　人类是社会性生物，集群生活在一起，并主要通过语言来进行信息交流。同样，动物们也有自己独特的"加密"通讯手段，主要包括视觉通讯、听觉通讯、化学通讯及触觉通讯四种类型。具备这项"绝活"，动物能更好地保证个体及种群的生存与延续，在危机四伏的环境中，存活下来[54]。

① ②
③ ④

1. 狼会使用尿液标记自己的领地

2. 除用尿液外，棕熊还会用啃咬、摩擦树干等方式来标记

3. 鸣禽不仅叫声好听多变，同时也是交流的手段，用以警戒天敌、繁殖及寻找同伴（图为灰鹡鸰）

4. 视觉通信是最常见的方式，提早发现敌害和寻找同伴（图为狍子）

保护区鸟类大观——游禽

1. 大天鹅（*Cygnus cygnus*）

2. 普通秋沙鸭（*Mergus merganser*）

3. 丑鸭（*Histrionicus histrionicus*）

4. 普通鸬鹚（*Phalacrocorax carbo*）

趣·味·课·堂

动物的婚配制度

相较于人类的单配偶制，动物的婚配制度就复杂多了，有单配偶制、多配偶制、混交制[54]。决定动物婚配制的主要生态因素是食物、营巢地在时间和空间上的分布情况，这是动物们适应环境的结果。

鸳鸯是经常出现在中国古代文学作品和神话传说中的鸟类。唐代诗人卢照邻的《长安古意》中曰："愿做鸳鸯不羡仙"，以此来赞美美好的爱情。然而事实却没有这么美好，鸳鸯也不是如我们所想的那样对伴侣坚贞不渝，它们的成双入对仅限于一个繁殖期。繁殖结束之后，鸳鸯夫妇就会"一拍两散"，到下个繁殖期，再觅新欢。

与鸳鸯这个"假情种"不同，大天鹅保持着一种稀有的"终身伴侣制"，是真正的对爱情矢志不渝，忠贞不弃。雌天鹅在产卵时，雄天鹅在旁边守卫着，遇到天敌时就会化身"护妻狂魔"，勇敢地搏斗。它们不仅在繁殖期彼此互相帮助，平时也是成双成对，如果一只死亡，另一只会为之"守节"，孤独终老。

爬行天下

汗马保护区地处寒温带，低温限制了作为变温动物的爬行类动物的分布，使得本区内的两栖爬行动物组成简单、种类少，但数量比较多。据汗马第二次科学考察报告，保护区内爬行动物仅5种，其中蜥蜴目1科2属2种，蛇目2科2属3种。

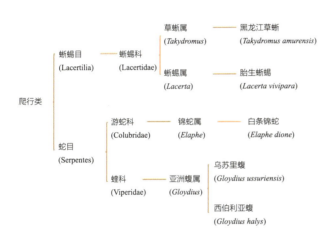

☞ 汗马保护区内的爬行动物

什么是变温动物？

某些动物体内没有调节自身体温的机制，仅能靠自身行为调节体热的散发，或从外界环境吸收热量来提高自身的体温，这类动物被称为变温动物（如爬行动物、两栖动物）。变温动物也被称作冷血动物，但它们的血不会一直都"冷"。为了提高身体温度，不同动物会采取不同的方法，蛇或蜥蜴会趴在石头上晒太阳、蜜蜂靠振动翅膀、两栖动物将自己埋入泥土中等。

"四脚怪兽"

蜥蜴与蛇的一个明显区别是绝大多数蜥蜴都长有四肢，像一条会爬的小蛇。蜥蜴最令人熟知的就是它的一个自保手段——断尾，即它们大部分种类的尾部容易断裂，断尾的肌肉还能强烈收缩一段时间，使断尾在地面跳动，以混淆敌害视线，乘机逃脱，这是一种保护性适应。汗马保护区内的蜥蜴尾长大于头体长，其中一个种类的尾细长，可达头体长的2倍以上，形似长鞭，它就是黑龙江草蜥（*Takydromus amurensis*）。

黑龙江草蜥俗称四脚蛇、马蛇子等，体形细长略平扁，头体长33—67mm。体背黑褐色，体背与体侧交界处，由于颜色的不同而相互嵌入，形成两条明显的波齿状花纹，从颈后一直延伸到尾尖。黑龙江草蜥在内蒙古4月底至5月初出蛰，9月底至10月初入蛰。黑龙江草蜥主要以昆虫为食，大量捕食蝗虫、各类蝶蛾及多种昆虫的幼虫等害虫，对虫害防治及人类健康有益，而其本身又是多种食肉鸟、兽的食饵，故在维持生态平衡方面也能起到一定作用[61]。

⊕ 黑龙江草蜥（*Takydromus amurensis*）在晒太阳（左）及捕食蜘蛛（右）

另一种类为胎生蜥蜴（*Lacerta vivipara*），它体形圆长而略扁平，头略呈方柱形，尾圆长较粗，尾长略大于头体长；体背灰褐色；体脊中央至尾前部有一行棕斑或由此连成的长纹，两侧均有宽约3.5mm的深色纵纹。腹鳞灰黑而镶有乳白色边缘，雄蜥腹面具黑斑，雌蜥色浅而无斑。性喜水、耐寒，甚至在–10℃的低温条件下仍能取食，以昆虫、蜘蛛、软体动物、蠕虫等为食。4月末出蛰，5月进行交配繁殖，受精卵在母体内发育需3个月左右。正如其名，胎生蜥蜴的生殖方式为卵胎生，仔蜥产出时体外包有膜状"外壳"，经短暂的时间后始破膜而出，卵胎生的繁殖方式是该蜥蜴对寒冷气候的一种适应特性。这也是它能够生存在汗马保护区里的重要因素之一。

⊕ 胎生蜥蜴（*Lacerta vivipara*）

什么是胎生、卵生及独特的卵胎生？

胎生：母体直接生出幼体，如狗、猫以及人类。

卵生：母体先生出卵，卵在母体外发育成幼体，发育好的幼体最终破卵而出，如禽类、两栖动物以及绝大多数爬行动物。

卵胎生：也叫"伪胎生"，看起来是母体直接生出幼体，但实际上母体具有卵，只不过是卵会先在母体内孵化，等孵化完毕后再生出幼体，但其本质上还是卵生，胎生只不过是其外在的表现形式，动物分类学家也是根据这个外在表现而命名了胎生蜥蜴。除胎生蜥蜴外，其他一些蛇类（如汗马保护区内的两种蝮蛇），乃至一些鱼类和昆虫等动物也都是此类出生方式。卵胎生是动物进化过程中非常重要的一种生存策略，尤其是在高纬度的寒冷区域，它可以避免外界环境对卵的影响和威胁，大大增加了卵内幼体的存活概率。

潜伏的狩猎者

汗马保护区内有两种蝮蛇，为乌苏里蝮（*Gloydius ussuriensis*）和西伯利亚蝮（*Gloydius halys*），它们头部呈三角形，瞳孔为竖形，二者皆是毒蛇。毒蛇会分泌蛇毒，蛇毒是毒蛇头部两侧皮肤下方毒腺里的分泌物，咬啮物体时经毒牙流出，蛇毒由多种氨基酸和酶类组成。蛇毒大致分为四类：血液循环毒素、神经毒素、混合毒素和细胞毒素。蛇毒具有抗癌、抗血凝、止血、镇痛等功效，不仅可治疗癌症、血栓、大出血或血友病等，也可制备抗蛇毒血清。

乌苏里蝮全长56—58cm，体色变化较多，以黑色、黑灰及棕红色者最多，眼后黑带上缘有显著窄细的白色眉纹，俗称"白眉蝮"。其分布广泛，喜食鱼类、蛙类；5月中旬出蛰，出蛰时在乱石堆中多见，10月上、中旬开始蛰眠。

⊕ 乌苏里蝮

西伯利亚蝮比乌苏里蝮略大，成体全长55—60cm；体背多褐色、橄榄灰色（分布在大、小兴安岭），亦有个别体色呈对比鲜明的黑白色（分布在内蒙古东部）；眼后有暗褐色眉纹，体两侧各一列黑褐色块状斑或不规则圆斑。晨昏活动较为频繁，喜在乱石堆、鼠洞边等较为干燥处活动，4月出蛰。

另外一种蛇为白条锦蛇（*Elaphe dione*），俗名草梢子、白带子等，是北方常见蛇种，生活范围广，适应能力强，是一种无毒蛇。其体形圆而细长，瞳孔圆形，头部和背面有明显的暗褐色钟形斑纹；体背褐灰色或棕黄色，有3条白色纵纹及细窄的黑色横纹。头部平扁而小、略宽于颈，主要以鼠、鸟、鸟卵、蛙、蜥蜴等为食。4月末或5月上旬出蛰，白天常盘曲身躯接受日光晒照，6月是全年活动最频繁的时期，10月中下旬入蛰冬眠，冬眠期半年或更长[62]。

⊕ 西伯利亚蝮

不可小觑的小小身材

受低温的影响，汗马保护区内两栖动物仅5种，其中有尾目1科1属1种，无尾目3科4属4种[1]。

有尾目 (Caudata)	小鲵科 (Hynobiidae)	极北鲵属 (*Salamandrella*)	极北鲵 (*Salamandrella keyserlingii*)
	蟾蜍科 (Bufonidae)	蟾蜍属 (*Bufo*)	中华蟾蜍 (*Bufo gargarizans*)
两栖类		花蟾蜍属 (*Strauchbufo*)	花背蟾蜍 (*Strauchbufo raddei*)
无尾目 (Anura)	蛙科 (Ranidae)	蛙属 (*Rana*)	黑龙江林蛙 (*Rana amurensis*)
	雨蛙科 (Hylidae)	雨蛙属 (*Hyla*)	日本雨蛙 (*Hyla japonica*)

⊕ 汗马保护区内的两栖动物

高寒地带的"活化石"

极北鲵（*Salamandrella keyserlingii*），是汗马保护区乃至内蒙古自治区内仅有的一种有尾两栖类物种，现已是国家Ⅰ级重点保护野生动物。极北鲵堪称活化石，是距今有2亿3000年进化史的古珍稀动物。主要分布于高寒地带，是小鲵科分布最北部的种类，在我国黑龙江、吉林、辽宁等地均有分布。

它体形较小，全长不超过120mm，尾长短于头体长；皮肤光滑，体呈青褐色或深褐色，体背有两条浅褐或黄棕色纵条纹。营陆地生活，喜栖息于潮湿的环境中，昼伏夜出，黄昏和雨后较活跃，夏季炎热时很少出来活动。以昆虫、软体动物、蚯蚓、泥鳅等为食。9月中、下旬入蛰，在翌年4月上、中旬出蛰。4—5月是繁殖季节，一只雌鲵可产卵72—144枚[63]。

⊕　极北鲵

蟾蜍

汗马保护区内有两种蟾蜍，分别是花背蟾蜍（*Bufo raddei*）和中华蟾蜍（*Bufo gargarizans*），它们分布广泛，适应性强。花背蟾蜍是内蒙古自治区两栖动物中分布最广的种类，其体形中等，雌性体长不超过65mm，雄性略小，最大体长不超过56mm。中华蟾蜍相对较大，体长64—107mm，皮肤粗糙，密布大小不等的疣粒，耳后腺大而突出。

蟾蜍俗称癞蛤蟆、疥蛤蟆。花背蟾蜍背面一般为灰褐色、黄褐色或橄榄灰色，背部的花纹显著，呈深褐色或黑色斑。花背蟾蜍白天隐伏在湿润的土洞中，黎明和黄昏时或雨过天晴后出来活动、取食。主要捕食蝼蛄、蚜虫、金龟子等多种昆虫及其他小动物。4月中旬出蛰，10月中、下旬入蛰，入蛰前常常可在沙质土地上见到花背蟾蜍挖洞入土越冬的现象。

⊕ 雄性花背蟾蜍鸣叫

⊕ 花背蟾蜍抱对
抱对行为：产卵前，两性相互追逐，互相抱握，有时腹面相对抱，有时雄貌爬到雌貌背上用前肢抱住雌貌颈部。也经常以吻部相对，并以头互相摩擦。
水中受精：两栖类雌雄个体是在水中完成产卵、受精过程的，即体外受精。

中华蟾蜍在黄昏后外出捕食，其食性较广，以昆虫、蜗牛、蚯蚓、蚁类及其他小动物为主。夜晚多见于道路两边或中间。成蟾秋季进入水中或松软的泥沙中冬眠，4月出蛰。繁殖期栖息于水中，一般情况下产卵时间与春季第一次降雨有直接关系，

⊕ 夜晚路边的中华蟾蜍

在 4—5 月的雨后产卵于静水水域，每次产 2700—8000 枚卵，卵直径约 1.5mm，卵带缠绕在水草上，卵呈双行或 4 行交错排列于管状的卵带内。一般在 10 月中下旬开始入蛰。

黑龙江林蛙（*Rana amurensis*）在汗马保护区内最为常见，也是内蒙古林区及其周边地区优势蛙种。称其为林蛙，是因它以陆栖为主，栖息于山林、沼泽、水塘等静水水域及其附近，以林间草地为多；行动敏捷，跳跃力强。

它体形较小，体长 44—66mm，体色变异较大，雄蛙背面大多呈灰棕色略微泛绿，雌蛙常为红棕色或棕黄色。腹面有明显的暗红色相杂的花斑。捕食昆虫、蜘蛛、蜗牛等。4 月中旬出蛰，随即进入繁殖季节。雌蛙于河边的水坑和水沟里产卵，卵块沉入水底或附着在水中的鹅卵石上，卵块的含卵数在千枚左右，4 月即可见到大量各生长发育阶段的蝌蚪。

黑龙江林蛙俗称"臭迷子"，这是因为 9 月或 10 月上旬，黑龙江林蛙会选择水质清澈的坑底或沼泽地的淤泥内集群蛰眠，度过高纬度地区的漫长寒冬。由于底部淤泥有异味，所以被挖出来的黑龙江林蛙也带有异味。

 黑龙江林蛙

日本雨蛙（*Hyla japonica*）

日本雨蛙，俗称雨呱呱、绿蛤蟆等。体小，雄性全长31—37mm，雌性37—45mm。背部皮肤光滑纯绿色，个别有少量黑斑。腹面及体侧为黄白色或污白色，有的腿部有横斑。适于树栖，指、趾末端多膨大成吸盘。

⊕ 日本雨蛙

捕食多种昆虫及小动物。10月上旬在向阳的泥土中冬眠，翌年5月上旬出蛰。雄蛙在夜晚或雨后常发出"嘎—嘎"的响亮鸣声。产出的卵几枚或几十枚粘连成片附着于水草上，5天左右孵出小蝌蚪，蝌蚪多在静水中的下水层活动[64]。

水下世界

地处寒温带的汗马保护区内鱼类资源较为丰富，极低的环境温度造就了冷水鱼类得天独厚的生存和繁衍条件。根据汗马第二次科学考察报告记载，保护区鱼类共有6目9科28种，占黑龙江省鱼类物种总数（105种）的26.67%。其中鲑形目2科4种，鲇形目1科1种，鳕形目1科1种，鲈形目2科2种，七鳃鳗目1科1种[1]。其中较重要的种类共有9种，分别为哲罗鱼（*Hucho taimen*）、细鳞鱼（*Brachymystax lenok*）、黑斑狗鱼（*Esox reicherti*）、东北雅罗鱼（*Leuciscus waleckii*）、银鲫（*Carassius auratus gibelio*）、黑龙江泥鳅（*Misgurnus mohoity*）、鲇（*Silurus asotus*）、江鳕（*Lota lota*）、乌鳢（*Channa argus*）。

凶猛贪食的冷水鱼类

这类凶猛的捕食者有5种，分别是哲罗鱼、细鳞鱼、黑斑狗鱼、江鳕和乌鳢，它们也是"贪吃鬼"。冷水鱼类一般体形都很大，与适应寒冷气候有关。

冷水鱼类和它的"大智慧"

冷水鱼是仅能生活在较低水温的鱼类，当水温高于20℃时便不能存活，常见的金鱼、锦鲤等都是冷水鱼。

大家一定很好奇，汗马保护区气候寒冷，动物可以通过冬眠规避极端气候，那么生活在"冰水"中的冷水鱼类是如何过冬的呢？

第一，要疯狂进食，储存大量能量。大多数鱼在秋季会疯狂进食，因此有了一定的能量储备。第二，鱼类有温度感应器，随着气温越来越低，大多数浅层鱼开始向底层游动，下沉到水底温暖的地方生活。第三，减少活动量，进而减少能量消耗。冷水鱼是变温动物，它们没法像恒温动物那样调节自己的体温，但体温会随着环境的温度变化而变化。在自然界中，大多数变温动物都有冬眠的习性，但是鱼类是个例外，它们几乎不会冬眠，为了减少体内热量的流失，冬季的鱼类活性会非常低。第四，冷水鱼看似在过冬，其实它们一直在4℃左右的底层水域中静止或缓慢活动，此时鱼类的体温下降到4℃左右，体内的体液并不会结冰，也就没有了生命危险，再加上之前秋季大量的能量储备，冷水鱼能够以此安全度过冬季[54]。

冷水鱼迄今已有2亿多年的历史，被称为"水中活化石"。我国是冷水鱼品种最多、分布最广、资源最为丰富的国家之一[65]。

（1）哲罗鱼（*Hucho taimen*）

俗称者罗鱼、哲罗鲑，东北称哲绿鱼，新疆称为大红鱼。哲罗鱼是国家Ⅱ级重点保护野生动物，被列入IUCN易危（VU）等级。在分类学中，属于鲑形目鲑科，和大马哈鱼是近亲。哲罗鱼非常贪食，会捕食其他鱼类和水中活动的蛇、蛙、鼠、水鸟等动物。哲罗鱼体形大，一般在3kg以上，大者可达50kg，身长在1m以上，曾有发现长达4m、重达90kg的个体。

⊕ 哲罗鱼

资料引申

揭秘"水怪"的原型

2012年6月，《东方时空》节目播出过一段"新疆喀纳斯湖再现神秘'水怪'，掀巨大浪花"的视频，引起了当地乃至全国人民的关注。之后，人们也多次拍到疑似"水怪"的图片，"水怪"引起了人们的恐慌和兴趣，大家都迫切地想知道"水怪"究竟是什么。

根据科学家们对新疆喀纳斯湖长期的考察，一致认为这可能就是哲罗鱼，而且其身上的红色斑点和白色肚皮也符合"水怪"的颜色[66]。

（2）细鳞鱼（*Brachymystax lenok*）

我国所特有的冷水性鱼类，栖息于水质清澈的江河溪流中，常年水温较低，不超过20℃，冬季在江河及支流的深水区越冬。体长17—45cm，体重0.5—1.5kg。主要以无脊椎动物、小鱼为食。细鳞鱼是名贵冷水性经济鱼类，因过度捕捞，目前数量已很少，急需保护。

⊕ 细鳞鱼

（3）黑斑狗鱼（*Esox reicherti*）

俗称狗鱼，大型淡水鱼类，一般体长在60cm左右，体重在1—2kg，最大的可达16kg以上，是高纬度寒冷地区水域的特产鱼类。它吻长，口裂大，口似鸭嘴形；背部、体侧及鳍上均散布有圆形黑斑点，因此称为黑斑狗鱼。栖息于河流支叉的缓流浅水区或湖泊的开阔区，以各种鱼类为食，且极度贪食。黑斑狗鱼是捕捞生产对象，营养价值较高。

⊛　黑斑狗鱼

（4）江鳕（*Lota lota*）

别称山鳕、山鲶鱼，是我国冷水鱼类中的珍稀物种，也是淡水底栖凶猛性冷水鱼，栖息于江河或通江河的湖泊深层。夏天水温上升时，会游到山间溪流等低温水域"避暑"，不活跃，多呈休眠状态，若营养不好，体色会变得暗淡，呈灰褐色；秋季又恢复正常，游回大江越冬。江鳕是一种经济价值很高的食用鱼类，它的肝脏肥大，含脂量高，可提制鱼肝油。它的自然产量很低，在国际上属于高端消费品种。生长较慢，最大可达1m、25kg左右，常见个体多为体长30cm左右，重2kg左右。

⊕ 江鳕

（5）乌鳢（*Channa argus*）

乌鳢（lǐ），别称蛇头鱼、文鱼等，体长可达 32cm，体重 605－1000g，是一种常见的淡水鱼。喜栖息于水域沿岸泥底、水草丛生的潜水区。属底栖肉食凶猛性鱼类，喜"伏击"猎物。十分"贪吃"，在天然水域中常能吃掉区域内的其他所有鱼类。适应性强，耐缺氧。是天然水域的大型经济鱼类，肉味鲜美，含肉量高，有很高的养殖开发价值。

⊕ 乌鳢

重要的杂食性鱼类

除了肉食性鱼类外，汗马保护区内还有两种比较重要的杂食性鱼类，分别为东北雅罗鱼与银鲫。

东北雅罗鱼（*Leuciscus waleckii*）又名瓦氏雅罗鱼，俗称雅卢、白鱼等，常见个体长17cm，最长可达37cm。在天然水域中，东北雅罗鱼常见个体的体重多在100—200g。分布广，适应各种水环境。杂食性，主要食水生昆虫。喜集群，在条件适宜的情况下很容易形成群体，易捕捉，为我国北方主要经济鱼类之一。

⊕ 东北雅罗鱼

银鲫（*Carassius gibelio*）别称鲫瓜子、红鲫，分布广泛。一般为0.5kg，最大的可达1.5kg。喜栖息于水草丛生的水体，对各种水环境适应性很强，耐低氧、耐高寒。杂食性，以高等植物碎片、腐屑、浮游植物为主食，也食底栖动物、浮游动物。是一种常见的经济鱼类。

⊕ 银鲫

长相奇特的鱼

除上述鱼类外，汗马保护区内还有一类长相奇特的鱼，和前文提过的"老头林"一般，最主要的特征就是长有"胡子"。一种是黑龙江泥鳅（*Misgurnus mohoity*），别称鳅、泥鳅，分布于黑龙江水系，是一种小型鱼类。口在下方，长满了"胡子"，有5对之多。它们生活于砂质或淤泥底质的静水缓流水体，适应性较强，在缺氧时可进行肠呼吸，以底栖动物为食。可以作为其他动物的饵料，具有一定的经济价值。

⊕ 黑龙江泥鳅

另一种是鲇（*Silurus asotus*），俗称胡子鲇、鲇鱼等，广泛分布。体色随栖息环境不同而有所变化，像"变色龙"一样，正常时体呈褐灰色。喜生活于水体底层，凶猛食肉，以埋伏方式掠吞鱼类等食物。是一种中型温水性经济鱼类，肉质细嫩，营养价值高，是水域主要捕捞对象，在池塘中混养，可起到清除野杂鱼的作用。

⊕ 鲇

鱼的胡子

　　鮎和黑龙江泥鳅相较于其他鱼而言，是有"胡子"的，准确地说叫"口须"。口须是鱼的外形特征之一，同时也是鱼分类的重要依据之一。有"胡子"的鱼一般在淡水的中下水层、底层生活者多见。目前，鱼的口须为 1—5 对不等，常见者多为 2 对，如鲟鱼、鲤鱼和鲶鱼。口须最多的要数泥鳅了，它共有 5 对。口须一般着生在鱼的嘴巴上下及嘴角处。口须长短不等，一般而言，口须之长与鱼的体重（或体长）成正比。

　　口须对于鱼的生存有何意义呢？生有口须的泥鳅、鲶鱼等多生活在静水底层有淤泥的阴暗处，光线十分微弱，在长期的演化过程中，它们的眼睛逐渐变小，视觉退化，但口须却发达起来，不仅有灵敏的触觉，而且还兼有嗅觉功能，用以应对多变的水底环境，便于觅食及防御敌害。

昆虫奇遇

　　昆虫属于无脊椎动物中的节肢动物，其形态各异，种类繁多，而且同种的个体数量也十分惊人，是我们这颗蓝色星球上数量最多的动物群体。昆虫不但种类多，分布也广，几乎遍及整个地球，这点其他动物无法与之相比。全世界已知昆虫约有 100 万种，科学家估计实际数字至少有 200 万种。在所有生物种类（包括病毒、细菌和真菌）中，昆虫所占比例超过 50%，每年还陆续发现近万个新种，仍有许多新种等着我们去发现。我国目前已知的昆虫有 10 万多种[67]。

　　汗马保护区内昆虫目前已鉴定到种的共计 10 目，包括蜻蜓目（Odonata）、直翅目（Orthoptera）、半翅目（Hemiptera）、鞘翅目（Coleoptera）、双翅目（Diptera）、鳞翅目（Lepidoptera）、膜翅目（Hymenoptera）、毛翅目（Trichoptera）、襀翅目（Plecoptera）、蜉蝣目（Ephemeroptera），共计 88 科 575 种。其中蜉蝣目 6 科 9 种、蜻蜓目 5 科 11 种、直翅目 1 科 1 种、襀翅目 2 科 4 种、毛翅目 1 科 1 种、半翅目 7 科 11 种、鞘翅目 13 科 67 种、双翅目 10 科 174 种、鳞翅目 39 科 290 种、膜翅目 4 科 7 种[1]。

昆虫大讲堂

（1）什么是昆虫？

昆虫也是地球的"老原住民"了，约 3.5 亿年前昆虫就生活在地球上，经历了漫长的演化历程一直存活至今。在无脊椎动物类群中，节肢动物是登上陆地最成功的类群，其遍布陆地所有生境，成为真正的陆栖动物。关于昆虫的"身世"，一直众说纷纭，没有定论。一类学说认为昆虫是由水栖祖先演化而来的，如三叶虫起源说和甲壳类起源说；另一类学说认为昆虫是由陆栖祖先起源而来的，如多足纲、唇足纲、综合纲是昆虫的近缘。

广义的昆虫指所有的六足动物。昆虫主要由头部、胸部、腹部组成：头部是昆虫的感觉和取食中心，具有口器和 1 对触角，通常具有复眼和单眼；胸部是昆虫的运动中心，具有 3 对足，成虫一般还有 2 对翅膀，也有一些种类完全退化；腹部是昆虫的生殖和营养代谢中心，其中包含生殖器官和大部分内脏[67]。

ZSTZ 知识拓展

节肢动物

节肢动物也叫节足动物。是一类身体由很多结构各不相同、机能也不一样的环节组成的动物类群。

通常昆虫需要经过一系列内部及外部形态的变化，即变态发育过程，才能从幼体长成成虫。昆虫外边覆盖的壳常称为"外骨骼"，不会随着身体一起长大，所以在昆虫生长发育的时候，昆虫必须像蛇蜕皮那样一次次地"蜕壳"。我们熟知的蜜蜂、蝴蝶等都是昆虫。

⊕ 昆虫的结构：以肩步甲（*Carabus hummeli*）为例

（2）蜘蛛是昆虫吗？

答案是否定的。细心观察我们可以看到，蜘蛛的身体仅由2部分组成，头部和胸部合为一体，称为前体；另一部分是腹部，称为后体。蜘蛛有4对足，且成长不需要经历变态发育，出生的幼体和成体形态基本是一致的。这些特征与前述昆虫的标准不符合，所以蜘蛛不是昆虫。同样地，蜘蛛生长发育过程中也需要一次次地"蜕皮"，才能进一步长大。

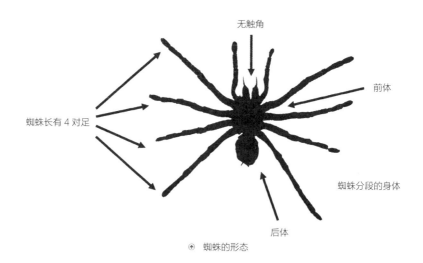

⊕ 蜘蛛的形态

昆虫令人印象深刻的一个特点就是它的大眼睛（如蜻蜓），像大多数动物一样，昆虫会利用它们的视觉来了解周围的环境。常见的动物都长有2只眼睛，但绝大多数的昆虫足足长有5只眼睛，包括2只复眼和3只单眼；一些种类是没有单眼的，仅有2只大大的复眼。

昆虫的单眼是一种比较简单的光感受器，仅能感觉光的强弱而不能看到物体，对白天活动的昆虫很有用。单眼分为背单眼和侧单眼，其中，背单眼比较常见，位于成虫和若虫的头前，多为3个，呈三角形排列。

昆虫的眼睛没有聚焦功能，绝大多数都是"近视眼"。昆虫在进化过程中，只简单粗暴地增加了眼睛的数量，这些数量庞大的眼睛聚集在一起，形成了独特的复眼。组成复眼的各只小眼睛朝不同方向，就像是一个广角大镜头，所以昆虫能看到的范围很大，增加了搜寻猎物和逃避天敌的视线范围。

虽然大多数昆虫是近视，看不清物体的细节，但是有些昆虫的复眼却能捕捉到一些飞快运动的物体，可分辨每秒 240 帧的动画，是人类的 10 倍，蜻蜓和螳螂就是这类代表，人类的活动在它们眼里就是慢动作。

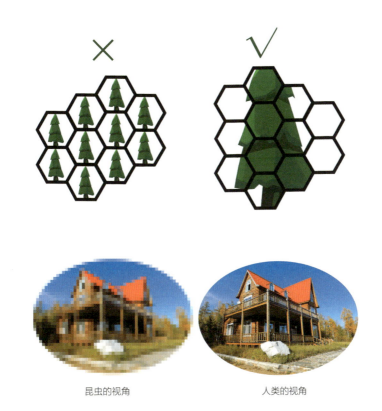

昆虫的视角　　　　　　　　　人类的视角

⊕　人类和昆虫的眼中世界：昆虫复眼的每只小眼睛只接受单一方向的光信号刺激，形成点状的影像。每只小眼睛自成体系，但这并不等于有多少只小眼睛就能看到多少花朵，而是每只小眼睛只能看见物体的一部分，整只眼睛看物体就像一个拼凑物，所有点状影像相互嵌合，形成整体的影像。

昆虫的伪瞳孔 [68]

当我们盯着一个有较大复眼的昆虫（如螳螂、蝗虫等）的眼睛时，会发现它的眼中有个黑色瞳孔！而且无论我们怎样移动，它们的眼睛都在无时不刻地"盯着"我们。其实，这并不是昆虫真的拥有了瞳孔，而是由于复杂的原因所形成的一种光学现象，昆虫学称为伪瞳孔（pseudopupil）。

⊕ 萌萌大眼睛——蜻蜓的伪瞳孔（图为达赤蜻）

人眼可以感受到的光的波长范围为390—700nm，昆虫为300（紫）—650nm（橙），所以大多数的昆虫无法感受长波长的红色。但昆虫的复眼能看到人眼看不到的紫外光、天空反射的偏振光，且昆虫对紫外光情有独钟，一些诱捕害虫的灯就运用了这个原理。

（3）食物链中的生态关键种

在大自然的生物圈里，昆虫是最为庞大的一支，比其他任何动物门类的数量都要多。它们充分利用自身优势，并以高度的适应性存活下来，是地球生态系统的必要组成部分。

昆虫在生物圈中扮演着很重要的角色。虫媒花在花期需要得到昆虫的帮助，才能传播花粉，繁衍后代；蜜蜂、紫胶虫、白蜡虫等都是重要的经济昆虫；螳螂、蚂蚁等是重要的中药材；蝴蝶、锹甲等是重要的观赏昆虫；此外还有指示昆虫、法医昆虫、生物工程昆虫等。昆虫也可能对人类和动植物产生威胁，如落叶松毛虫、天牛、蝗虫等会对森林草原造成严重的危害；蚊子是疾病的传播者；胡蜂等会以螯针向入侵者注入毒液。

此外，昆虫在食物链中处于初级消费者的位置，是很多动物的食物来源，在维持生态系统功能和平衡中，有着极其重要的作用，是食物链中的关键物种。所以，请保护昆虫，如果有一天草地上没有了虫，那么将来也不再会有鸟。

昆虫中的"悬停战机"

汗马国家级自然保护区内的蜻蜓目5科11种，按其捕食能力，可分为三类：豆娘类，即螅（cōng）科，体纤瘦弱，飞翔力差，捕食能力也弱；蜻类，飞翔力强，捕食功能健全；蜓类，飞行极强，在山间小溪迅速来回飞行捕捉猎物。

与众不同的行为方式——蜻蜓点水

和其他昆虫不一样，蜻蜓的卵是在水里孵化的，幼虫也在水里生活，蜻蜓点水实际是在产卵。雌蜻蜓产卵，多数是在飞翔时用尾部碰触水面，把卵排出。蜻蜓是典型的不完全变态昆虫，由稚虫蜕变至成虫的阶段中，不需经历结蛹的过程。它们一生只经历三个阶段：卵、稚虫、成虫。蜻蜓稚虫是水生的，成虫则是具飞行能力的陆生昆虫。

⊙ 蜓类：琉璃蜓
（*Aeshna crenata*）

⊕ 蜻类: 褐带赤蜻（*Sympetrum pedemontanum*）

⊕ 豆娘类: 桨尾丝螅（*Lestes sponsa*）

飞舞的精灵

说到昆虫，必不可少的就是飞舞的精灵——蝴蝶了。蝴蝶属于鳞翅目，翅膀色彩鲜艳，身着很多条纹，色彩丰富是它的典型特征之一。其头部有一对棒状或锤状触角，与蛾的触角形状多样相区别开[69]。

凤蝶是一类大型蝴蝶，大部分种类以后翅有尾状突为特点而命名。

⊕ 金凤蝶（*Papilio machaon*）因其体态华贵，花色艳丽而得名，有"能飞的花朵""昆虫美术家"的雅号。翅展 74—95mm，观赏时间为 6 月下旬至 7 月下旬。

⊕ 柑橘凤蝶（*Papilio xuthus*）这个种类有春、夏型之分，春型体小而色斑鲜艳，雌蝶比雄蝶色深；夏型体大，雄蝶后翅前缘有 1 个明显黑斑。翅展61—95mm，观赏时间为 6 月下旬至 7 月下旬。

粉蝶是最为常见的一类中型蝴蝶，体形比凤蝶小一些，前翅三角形，后翅卵圆形，无尾突。翅膀色彩较素淡，一般以白、黄为基调。

⊕ 云粉蝶（*Pontia edusa*）翅展 35—55mm，翅面白色，前翅中室有 1 黑斑，顶角后翅外缘由几个黑斑组成花纹状，翅背斑纹呈墨绿色；雌蝶前翅后缘和后翅外缘的斑点较大且色深；观赏时间为 7 月上旬至下旬。

⊕ 汗马保护区的部分粉蝶标本

⊕ 绢粉蝶（*Aporia crataegi*）交配：绢粉蝶后翅反面的中域区，常散布一层淡灰色鳞毛，翅展 63—73mm，观赏时间为 6 月下旬至 8 月上旬。

眼蝶科蝴蝶是一类体形从小型至中型的蝶种，颜色更不起眼，以灰褐、黑褐色为基调，一个明显特征就是翅上常有较醒目的外横列眼状斑或圆斑，故称为眼蝶。

⊕ 汗马保护区的部分眼蝶标本

⊙ 英雄珍眼蝶（*Coenonympha hero*）交配：前翅有 1—2 个眼斑，后翅有 4—5 个眼斑，翅展 35—38mm；观赏时间为 6 月下旬至 7 月下旬。

⊕ 油庆珍眼蝶（*Coenonympha glycerion*）翅展 35—38mm，翅黑褐色；后翅亚缘外缘隐约可见 3—5 个小眼斑；翅反面色较淡，后远亚外缘有 6 个大小不等的眼斑，在其内侧有不规则的白斑；观赏时间为 6 月下旬至 7 月下旬。

蛱（jiá）蝶也是一类中大型蝴蝶，又被称为四足蝶，与其他蝴蝶相比，它的一个显著特征就是前足退化，通常多毛，状似毛刷；也就是说蛱蝶仅有两对能行走的足。它的翅膀腹面相对暗淡，看起来像枯叶一般，作为保护色，起到避敌的作用。

⊙ 孔雀蛱蝶（*Inachis io*）翅展 50—60mm，翅正面朱红色。前翅顶角有孔雀尾斑纹，其外侧包黑色半环，中间散有青白色鳞片。后翅色暗，中室下方朱红色，前缘附近有孔雀尾斑，中心黑色，闪青紫色光。翅反面黑褐色，有浓密的黑的波状细线。观赏时间为 5 月下旬至 6 月上旬。

⊙ 安格尔珍蛱蝶（*Clossiana angarensis*）翅展 40—50mm，翅橙黄色，斑纹黑色。前翅中室内有 2 条波浪形斑，外横线翅室内有错落的黑斑，亚外缘斑三角形，亚缘线处有点状斑。后翅与前翅近似，前翅反面与正面近似，外缘色较浅。后翅反面近基部灰白色，内横带黄褐色，中横带浅黄色，外横带黄褐色，近外缘保灰色，外缘带白色。雌蝶斑纹较雄蝶大。观赏时间为 6 月下旬至 7 月下旬。

⊙ 汗马保护区的部分蛱蝶标本

森林中隐藏的危机——蚜虫

对于从事野外或林业工作的人，尤其是在东北地区，有一类昆虫不得不提，那就是蚜虫。

蜱虫，俗称草爬子，成虫寄生于大型哺乳动物，经常侵袭人；幼虫和若虫寄生于小型哺乳动物及鸟类，主要传播森林脑炎。

　　在汗马保护区内分布的蜱虫学名为全沟硬蜱（*Ixodes persulcatus*），分布于内蒙古、甘肃、新疆、西藏等地，是我国森林脑炎的主要媒介，并能传播Q热（贝纳柯克斯体所致的急性传染病）和北亚蜱传立克次体病（又称西伯利亚蜱传斑疹伤寒）。在保护区内分布于针阔混交林、灌木丛地带，以及兽穴、鸟巢里。

　　防护提示：在进行野外作业前，可提前接种森林脑炎疫苗。进入汗马保护区时，要穿长袖衣衫，扎紧腰带、袖口、裤腿，颈部系上毛巾，皮肤表面涂擦药膏可预防蜱虫叮咬，外出归来时洗澡更衣，防止把蜱虫带回家。

⊕ 雄性蜱虫

　　处理办法：如不慎被蜱虫咬伤，千万不要用镊子等工具将其除去，也不能用手指将其捏碎，如果把蜱虫硬拽下来，倒钩很容易留在皮肤里，倒钩中携带的神经毒素会引起皮肤的继发感染。应该用乙醚、煤油、松节油、旱烟油涂在蜱虫头部，或在蜱虫旁点蚊香，把蜱虫"麻醉"，让它自行松口；或用液体石蜡、甘油厚涂蜱虫头部，使其窒息松口。

⊕ 雌性蜱虫

林火

林火（forest fire 或 wild fire）指发生在林区的，除了城镇、村屯、居民点以外的所有火，包括受控的火和失控的火。

自地球出现森林以来，森林火灾就伴随发生。全世界每年平均发生森林火灾 20 多万次，烧毁森林面积占全世界森林总面积的 1‰以上。

⊕ 火烧后的兴安落叶松

 资料引申

　　2019—2020 年的澳大利亚森林大火，影响了整个澳洲。大火绵延烧了 7 个月，植被烧毁，考拉等珍稀动物死伤无数，二氧化碳排放增大，给全球的生态系统都造成了影响[70]。

森林火灾不仅会烧伤、烧死林木，直接减少森林面积，而且严重破坏森林结构和生态环境，导致森林生态系统失去平衡、森林生物量下降、生产力减弱、生物多样性减少，甚至造成人畜伤亡。严重的大火，能破坏土壤的化学和物理性质，降低土壤的保水性和渗透性，使某些林地和低洼地的地下水位上升，引起沼泽化。另外，由于土壤表面炭化增温，进而加速火烧迹地干燥，从而导致阳性杂草丛生，不利于森林更新或造成耐极端生态条件的森林更替。

雷击火

雷击火的成因及发生条件

雷击火是由于雷击引起的森林火灾，它是除人为因素外，森林火灾中最常见的起火因素。树木的导电性能差，当被闪电击中时对电流产生很大的阻力，这个阻力使树的温度迅速升高，高温会让树中的水分变成蒸汽，水蒸气迅速膨胀。当达到一定程度时，树就会从中间裂开或者断裂，甚至爆炸起火[71]。

⊕ 汗马保护区内被闪电击中的树木

随着初夏高温天气到来，午后常常出现电闪雷鸣的强热对流天气。雷击引起森林火灾的原因主要是雷暴，尤其是干雷暴，通俗点说就是"光打雷不下雨"。通常，闪电往往伴随着降水，降水量达到一定程度时，雷击引发的火源会被熄灭，不会有森林火灾发生。但是在这种"暖而干燥"的特殊天气条件下，由于降水量无法到达地面或雨量过小，一旦林木遭闪电击中产生雷击火，往往会使燃烧点迅速扩大并蔓延，进而形成大面积的森林火灾。综合来看，雷击火的发生主要由于自然气候条件的影响，如气温偏高、降水量少、持续干旱及空气干燥等[72]。

汗马保护区的雷击火

雷击火是引发森林火灾最重要的自然因素之一。据统计，全球平均每天要遭受50万次雷击，每年平均发生雷击火灾达5万次。由雷击火引发的森林火灾，主要发生在加拿大、澳大利亚、美国和中国等国家。

我国的雷击火在少数地区也相当严重，全国范围内雷击火主要发生在黑龙江的大兴安岭、内蒙古的呼盟和新疆的阿尔泰地区[73-74]。据统计，2002—2020年，汗马保护区内共出现过13起森林火灾，其中11起都是由

⊕ 汗马保护区内因雷击火而发生的火灾

雷击火引起（另外2起是境外过境火）。2018年6月2日发生的雷击火，是汗马保护区有记录以来发生的最大的森林火灾。由于发生火灾的位置过远，没有道路，气象条件不允许飞机起降，消防人员无法第一时间赶到，再加上风力大、气候干燥、过火区域分布有大面积的偃松林，造成了火势的迅速蔓延，仅3天时间，过火面积就达到了7700hm²。

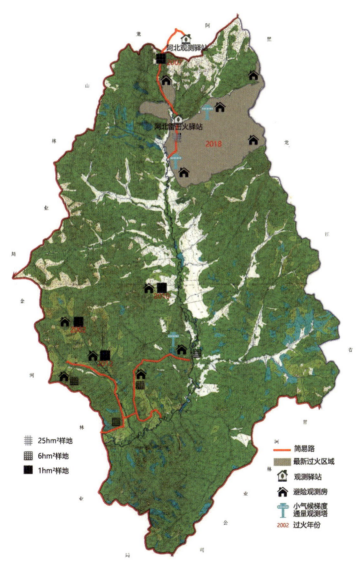

⊕　2018年汗马保护区的过火面积图

为什么大兴安岭林区的雷击火容易引发森林火灾？

每年的 6、7 月份是大兴安岭林区雷击火灾出现最频繁的时段，主要因为该地区同时具备以下三个条件[75]。

（1）火源：由于极地大陆冷空气水汽含量较少，冷锋过境出现雷暴天气，形成干雷暴，而干雷暴极易形成雷击火。

（2）可燃物：雷击火容易发生在纬度高的林区，尤其是北部原始林区。大兴安岭地区气候寒冷，林下生物种类数量较少，对地表可燃物分解能力较弱，使林地累积大量可燃物，遇到火源便可发生较大程度的火灾。

（3）环境：对雷击火具有较大影响的环境因子主要是降水、温湿度、风速和地形。汗马保护区每年夏季地面温度高、空气相对湿度低，且可燃物干燥，环境条件非常有利于火灾的蔓延，一旦发生雷击，就很容易着火并蔓延成灾。有研究发现，内蒙古北部原始林区雷击火发生次数较多的是山坡，较少的是山间低谷。

森林防火

大兴安岭是我国森林火灾发生次数最多、面积最大的林区之一，火灾也是造成大兴安岭森林资源明显下降的重要原因。汗马保护区现已是国家 I 级重点火险区。因此，森林防火在汗马保护区显得尤为重要。

汗马保护区的防火设施

为确保国家森林资源的安全、快速处置森林火灾，汗马保护区管理局储备了大量防火设施，包括扑火机具、通信设备、油脂燃料、给养物资、大型装备等。做到有机降场地、有取水点、有应急通信设备、有队伍驻防集结地、有前指办公场所，遇到火情时，可发挥快速应急、指挥协调、综合保障的作用。

汗马保护区的防火硬件条件在国内处于领先水平，其中：在乌玛零公里部署 1 架 M-171、1 架 K-32；在满归航站部署 1 架 M-171、1 架 Bell-407；在根河航站部署 1 架 M-26，统筹林区北部火情侦查、机降运兵、吊桶灭火、运送给养等工作。调集大型 4×4 车载 119 远程森林灭火炮 1 台，装甲车 5 台，J50 水车 3 台，挖掘机 1 台，装载机 2 台，推土机 1 台，翻斗车 2 台，拖板车 1 台等大型设备。

⊕ 防火驻防部队日常训练

⊕ 部分森林防火力量展示

汗马保护区的防火与灭火行动

汗马保护区每年的春季防火期在 3 月 15 日—6 月 15 日，秋季防火期在 9 月 15 日—11 月 15 日。保护区管理局在防火期充分运用卫星监测、飞机巡护、瞭望台哨、地面巡逻等多种手段，对火情进行全方位、全时段、立体式监测，切实做到早发现、早扑救。

保护区防火部门实行 24 小时值班和领导带班制度，密切关注雷电区域，加强调度值班，确保信息畅通。航空护林局安排机载航空特勤突击队，对重点落雷区域实施重点巡护，一旦发生火情，实施索降，快速处置火情。

⊕ 部分森林防火力量展示——飞机巡护

⊕ 直升机吊桶灭火

林火生态

对于森林来说，林火虽然是一种最具破坏性的灾害，但它却在促进森林的自然更新上起着重要作用，是森林生态系统结构和功能中的重要组成部分。白居易就曾在《赋得古原草送别》中写道："野火烧不尽，春风吹又生。"

诗里描述的现象，在生态学领域里可以用一个词来表示，那就是"演替"。林火在一定程度上会促进生态系统的演替，使一些本该淘汰的树种加速退化，促进新的树种发育。因此，林火具有"火害"和"火利"的两面性。

⊕ 大火后的森林

ZSTZ 知识拓展

演替（succession）

指某一地段上的群落由一种类型自然演变为另一种类型的有顺序的更替过程[54]。按照起始条件的不同，可分为原生演替和次生演替。

原生演替（primary succession）：又称为初级演替，开始于原生裸地（完全没有植被并且也没有任何植物繁殖体存在的裸露地段）的群落演替。

次生演替（secondary succession）：在原生植被已被破坏的次生裸地上发生的植物演替过程。

林火的两面性

火灾破坏生态环境，造成人口伤亡，使大片森林化为灰烬，但森林大火也有一定的积极作用。森林大火，可以改善森林的结构，促进物质循环，有利于林木的更新、生长、发育，促进森林生态系统的良性循环，在维持生物多样性方面起着重要作用。另外，适度的火烧可减少地表的易燃物，降低林区内的可燃性，这也是某些国家对寒带地区森林中的残枝落叶等进行有限度的人工火烧的原因，这利于对森林进行资源管理。除此之外，林火还能改善土壤结构和养分，进而促进植被的生物量和物种多样性的提高[76-78]。

⊕ 汗马保护区内的火后植被更新

⊕ 火烧之后的次生林

火烧对保护森林的作用

减少可燃物：通过焚烧林下的枯枝落叶层，可有效降低可燃物的数量。

防治病虫害：计划烧除可减少树木幼龄期的病虫害发生概率。

清除障碍物：计划烧除可以清除皆伐，扫除妨碍造林人员及机械化作业的障碍。

减少竞争：通过烧除，可降低林分内部与更新树木竞争的植物数量及生命力。

8

极寒之地大森林中的原住民
——敖鲁古雅的鄂温克人

在我国遥远的大兴安岭北段西坡，茂密的原始森林里生活着这样一个部落——敖鲁古雅，这个部落的人们被称为鄂温克人[79]。鄂温克的意思是"住在大山林里的人们"；敖鲁古雅意为"杨树林茂盛的地方"。

居住在内蒙古呼伦贝尔市根河市敖鲁古雅鄂温克族乡的鄂温克猎民从未离开过森林的怀抱，始终从事游猎生产。由于他们在游猎中驯养驯鹿，因此又被称为"使鹿部"，是中国唯一的使鹿部落。截至 2021 年，敖鲁古雅鄂温

⊕ 中国最后的狩
猎部落——敖
鲁古雅

克部落人口总数 243 人，驯养驯鹿约 1200 头。

⊕ 中国最后的女酋长——玛丽亚·索

敖鲁古雅鄂温克部落的由来

早在公元前 2000 年的铜石并用时代，鄂温克族的祖先就居住在外贝加尔湖和贝加尔湖沿岸地区。16—17 世纪中叶，鄂温克猎民居住在贝加尔湖西北列拿河支流威吕河和维提姆河一带。《新唐书》称该地区为"鞠国"，这一部落是鄂温克使鹿部落的祖先之一。17 世纪中叶后，由于沙俄对贝加尔湖和列拿河地区的侵略，鄂温克猎民便向东、南迁徙，来到了额尔古纳河右岸的原始森林中，世世代代过着游猎生活[80]，并且仍然以原始方法饲养驯鹿，至今已有 300 余年的历史，这就是敖鲁古雅鄂温克人的由来。

⊕ 迁徙

⊕ 冬季的驯鹿

⊕ 过去以打猎为生的鄂温克猎民

驯鹿文化

驯鹿性情温顺，与人亲近，是目前唯一被驯化的鹿科动物，由此得名。因雌雄皆有角，又名角鹿。

在古代，驯鹿最初是猎人的猎取对象，是生活资料的主要来源。猎民们吃的是兽肉，穿的是兽皮。随着弓箭的使用和狩猎规模的扩大，猎物有了剩余，出现了多种形式的储存方式。有的被晒成了肉干，有的小鹿幼崽被带回饲养，作为另一种形式储存的"食物"。鄂温克猎民饲养驯鹿的生活方式逐渐形成。另外，在与鹿群长期的相处中，猎民们掌握了它们的生活习性和活动规律。驯鹿有随季节迁徙的习性，鄂温克猎民的游猎生活因此也形成了逐鹿群而猎的习惯。如此长久往来，驯鹿已成为鄂温克族物质和精神文化的重要组成部分，进而形成了独特的驯鹿文化[81-82]。

⊕ 鄂温克的驯鹿文化

⊕ 鄂温克人与驯鹿

鄂温克人对驯鹿习性的熟悉使得人与鹿之间形成了"默契"。久而久之，野生驯鹿逐渐成了在大自然中放养的半野生家畜。驯鹿平时在林中活动觅食，需要时鄂温克人会把它们唤回营地。古时的鄂温克人以木击树，驯鹿就会闻声而来。

⊕ 驯鹿群

　　冬天，妇女们顺着足迹寻找驯鹿；夏天在营地拢起烟，驯鹿就会自己循着烟跑来。现在，鄂温克人会给驯鹿喂盐以补充必要的盐分。当他们敲击着用鹿蹄壳做成的皮盐袋时，驯鹿听到熟悉的声音，都会迅速围绕过来，争着舐盐，依偎不肯离开。这种习性给鄂温克猎民饲养管理驯鹿带来了方便，创造和发展了独特的"驯鹿文化"。

⊕ 鄂温克人拢起烟，驯鹿就会循烟而至

⊕ 猎民们把鹿群中待产的母鹿留在营地，让幼崽产在营地，以便猎民们照顾驯鹿母亲和幼崽

桦树皮文化

桦树是大兴安岭林区常见的树种，木质坚硬，富有弹性，易分层。桦树皮易剥离，具有很强的韧性，防水和抗腐蚀性能强，色泽和纹理自然优美。敖鲁古雅鄂温克人就地取材，用桦树皮制成了日常生活中的各式物品，种类丰富，风格独特，是中国北方"桦树皮文化"中重要的组成部分。

除了以桦树皮覆盖撮罗子和制作桦皮船，他们还把桦树皮做成碗、盆、篓、针线盒等日常器皿，形状大小各异，装饰风格富有特色，驯鹿纹和花草纹就是使鹿部桦皮器物代表性的装饰[83]。

⊕ 敖鲁古雅鄂温克代表性的桦树皮用具——棒克

⊕ 白桦树皮储物罐

⊕ 女酋长玛利亚·索制作的桦树皮刀鞘

| 1 | 2 | 　1. 桦树皮船模型
| 3 | | 　2. 桦树皮包包

3. 白桦树皮画

使鹿部落的衣食住行

鄂温克猎民生活在大兴安岭森林中，林中的飞禽、走兽、游鱼就成为他们的衣食之源，他们的衣、帽、靴鞋、被褥等都用兽皮制作[84]。

⊕ 犴皮上衣（左）和其他服饰（右）
　注：犴（hān），指驼鹿。

⊕ 女士手套（左）与靴子（右）
　敖鲁古雅鄂温克人的手套质地上分带毛和去毛两种，样式有五指分开的和拇指与四指分开的。有的手套手背上还有用犴筋绣的花纹，美观大方。

⊕ 原始风味——肉干
　猎民们把吃不完的兽肉做成肉干存放起来备用，在外出狩猎时带一些作干粮。在路途、猎场，他们点起篝火，支上吊锅煮，或插在木棍上烤着吃。

鄂温克猎民的主要食品是面食和肉类，面食如列巴（面包），肉类如狍子、犴、鹿、野猪、熊、灰鼠、飞龙（花尾榛鸡）、鱼等。

　　猎民也做汤菜，主要用禽肉，如野鸡、野鸭等熬制成汤。鄂温克猎民的素食种类也很丰富，来自大兴安岭林海中的野生植物和菌类，如野葱、野芹菜、野韭菜、黄花菜、蘑菇、红豆、笃斯、山丁子、稠李子等，既可鲜食，又可加工贮存，供猎民常年食用。

⊕　稠李（*Padus racemose*）

⊕　笃斯越橘（*Vaccinium uliginosum*）俗称蓝莓，每年"小秋收"时节，猎民多采笃斯熬成笃斯酱，装在桦树皮桶里，随时食用，也可制成像山楂糕一样的零食。

数百年来，鄂温克猎民住着冬可御寒、夏可遮雨的"撮罗子"，鄂温克语为"西格勒柱"，意为用小杆搭的房子，素有"仙人柱"的美称。"撮罗子"圆形尖顶，用25—30根落叶松杆搭起，高约3m，直径4m左右。落叶松杆去皮，一头削尖，状如标枪。古时，夏季用桦树皮、草围子等做覆盖物；冬季盖上兽皮或毛毡，如犴皮、鹿皮，以防雪御寒。现在用帆布代替桦树皮。

东北地区的猎民素有"夏则巢居，冬则穴居"的习俗。"穴居"指住在"穿地为穴"的屋子里，民间称为"地窨子"，即在地下挖出长方形土坑，架上高于地面1m左右的尖顶支架，支架上覆盖兽皮、土或草。屋内搭木板、铺兽皮为床。天气寒冷或潮湿时，还可在屋内拢火取暖，架锅做饭[79]。

⊕　地窨子

⊕　撮罗子

⊕　冬季，撮罗子以兽皮覆盖，可防雪御寒

在大兴安岭山高林密的特殊地理环境中，鄂温克猎民过着游猎的生活，为寻找充足的猎物，需要经常更换住地，驯鹿成为猎民们必不可少的交通工具。驯鹿适于在森林、泥沼和雪地中行走，炊具、衣物、粮食等生活用品及搭"撮罗子"的兽皮、桦树皮等都用驯鹿驮运。驯鹿还供老人、妇女、儿童搬家时骑乘，平日里猎民的猎获物也用驯鹿来运输。成年驯鹿可驮运40kg左右的货物，冬季一辆鹿拉雪橇则可载货100—160kg。

驯鹿是陆上的"林海之舟"，而在水上，桦树皮船是鄂温克猎民的传统交通工具。鄂温克猎民依祖传的造船术制成桦树皮船，工艺精湛，用于渡水、捕鱼和猎取犴。

⊕ 驯鹿驮运

⊕ 部分驯鹿鞍展示　　　　　　　　⊕ 驯鹿驮箱

驯鹿鞍上雕刻精美的花纹，每家每户的花纹各不相同，通过鉴别花纹就可知鞍是谁家的。驯鹿鞍主要是用鹿筋线缝合兽皮而成，近些年也有用帆布面料制作的，里面的填充物通常是驯鹿脖子下的鬃毛。

使鹿部落的未来

2003 年 8 月，敖鲁古雅的鄂温克部落开始搬迁，11 户 37 名猎民作为猎乡首批生态移民，牵着驯鹿告别了他们世代生活的大森林，开始了在根河市的定居新生活。但从古至今，驯鹿离不开森林，鄂温克族也离不开驯鹿。在夏天，人们还是会和驯鹿回到森林里，过着与驯鹿为伴的生活。

搬迁后，敖鲁古雅鄂温克人传统的生产生活方式已经不复存在。出于自然保护的需要，生活在猎民点的使鹿部人也早已不再狩猎，为了部落的继续发展与延续，敖鲁古雅的鄂温克部落转变了他们延续千年的生产生活方式——狩猎。现如今，部落居民们通过经营敖鲁古雅景区、开民宿、售卖驯鹿、桦树皮的相关产品、制品等，走上了可持续发展道路[85]。

⊕ 生活方式的转变
之前（左 2 图），千百来的营生方式——狩猎；如今（右 2 图），生态移民后，部落居民新的营生方式——经营敖鲁古雅景区、开民宿、售卖驯鹿相关产品等。

1. 过去居住的撮罗子和帐篷

2. 敖鲁古雅鄂温克部落猎民搬迁后的新居，这个定居点现在是根河市的一个旅游目的地

现代生活方式的影响，使鄂温克人从森林里搬出来，过上了新的生活，很多鄂温克的年轻一代已经融入了城市生活。然而，长此以往，传统的鄂温克驯鹿文化传承难免不出问题[86-87]。

敖鲁古雅使鹿部落和驯鹿文化正在消失，对于承载着中国最后使鹿部落的汗马保护区，在努力保护自然资源的同时，也在积极保护着这份独特的民族文化，并已纳入保护区的工作日程。

汗马保护区帮助敖鲁古雅鄂温克人重返保护区，引进优良种鹿，聘请敖鲁古雅鄂温克人作旅游向导和保护区员工等。保护区重视文化多样性保护，尊重鄂温克民族的文化传统，并正在根据人与生物圈的理念，将文化多样性保护与生物多样性保护有机地结合起来。

⊛　汗马保护区向部落购买的驯鹿，用以开展科学研究，以维持驯鹿种群的良性发展

游憩体验

　　大自然孕育的原始秘境、中国最为寒冷的自然保护区——汗马，拥有着茫茫的林海、缓缓的河流、平静的湖沼、独特的植物、多样的动物，隐匿在大兴安岭的丛山之中，沐日月之光，依冰雪相伴。

　　在这里，有这样一群可爱的人，他们勤勉、衷心地守护着这颗珍贵的宝石，通过巡护监测、科学考察，掀开汗马保护区神秘美丽的面纱。他们拍摄下的每一帧镜头，传递着汗马的讯息，宛如汗马在娓娓道来，轻轻撩拨着人的心弦，静静地等待着她的倾听者和爱慕者来感受她的容颜、神韵和灵气，体验敖鲁古雅使鹿部落的原始生活和民俗文化。

汗马保护区及周边风景资源

主类	亚类	基本类型	游憩资源单体
A 地文景观	AA 自然景观综合体	AAA 山丘型景观	大孤山、小孤山、波诺山、石砬山、大兴安岭主脊、那拉蒂山
B 水域景观	BA 河系	BAA 游憩河段	塔里亚河、倒木圈、草帽岛、波诺河、那拉蒂河
B 水域景观	BB 湖沼	BBA 游憩湖区	牛耳湖、牛腿湖、牛心湖
B 水域景观	BB 湖沼	BBC 湿地	塔头沼泽

主类	亚类	基本类型	游憩资源单体
C 生物景观	CA 植被景观	CAA 林地	兴安落叶松林、偃松矮曲林、白桦林、河谷落叶松林（老头林）
		CAB 独树与丛树	迎客松、樟子松、兴安杜鹃灌丛、笃斯越橘灌丛、越橘灌丛
		CAC 草地	牛耳湖周边草地
		CCD 花卉地	杜鹃 – 落叶松林
	CB 野生动物栖息地	CBB 陆地动物栖息地	原麝栖息地、驯鹿栖息地、驼鹿栖息地、碱场
		CBC 鸟类栖息地	花尾榛鸡栖息地、黑嘴松鸡栖息地、乌林鸮巢点
D 天象与气候景观	DA 天象景观	DAA 太空景象观赏地	日出
	DB 天气与气候现象	DBA 云雾多发区	云海
		DBC 物候景象	秋色、雪原
E 建筑与设施	EA 人文景观综合体	EAC 教学科研实验场所	中心管理站服务区、核心管理站服务区
	EB 实用建筑与核心设施	EBE 桥梁	吊桥、木桥
		EBH 港口、渡口与码头	草帽岛
	EC 景观与小品建筑	ECI 塔形建筑物	瞭望塔
F 历史遗迹	FA 物质类文化遗存	FAA 建筑遗迹	地窨子
G 旅游商品	GA 农业产品	GAB 林业产品与制品	偃松籽，越橘、蓝莓等野生果蔬、野果酒；野生菌类如蘑菇、木耳等
		GAC 畜牧业产品与制品	鹿茸
	GC 手工工艺品	GCC 家具	桦树皮工艺品
		GCE 金石雕刻、雕塑制品	木雕工艺品

主类	亚类	基本类型	游憩资源单体
H 人文活动	HA 人事活动记录	HAA 地方人物	玛利亚·索（中国鄂温克使鹿部落最后的女酋长）
	HB 岁时节令	HBB 农时节日	鄂温克民俗节日
8 主类	15 亚类	24 基本类型	

注：根据 GB/T 18972–2017《旅游资源分类、调查与评价》分类

汗马的四季

① ②
③ ④

1. 春天，兴安杜鹃染红了千山万壑，白桦梳弄秀发，落叶松睁开了绿色的眼睛，百花争相斗艳

2. 夏天，群岭起伏，绿浪扬波

3. 秋天，秋霜染就重山，山果丰收，还可以想起"熊醉红豆"的故事

4. 冬天，汗马归于一片静谧的人间仙境

极目林海

登上地势稍高的波诺山（1418m）、石砬山（海拔900m）、望湖台和瞭望塔，极目远眺，所见山峦起伏、林海无垠、河流蜿蜒，顿觉心胸开阔、豪情万丈。有时还能遇见朝霞如佛光般环照，有时云雾缭绕如置身于云层之上俯瞰万物。

◉ 山峦起伏、林海无垠

◉ 塔里亚河

⊕ 俯瞰林海

⊕ 塔里亚河

⊕ 登石砬山远眺，蓝天白云、一碧千里

⊕ 寻山问顶，直至云层之上，喜见佛光

林海几无夏季。四月初春，盈盈嫩绿破新寒；五、六月，兴安杜鹃红满山；七月，绿树浓荫、百花争艳；八月入秋，层林尽染、叠翠流金；漫漫寒冬，白雪皑皑、河流冰封，岸边的钻天柳林依然红润。

⊕ 初春，林海返青

⊕ 林海七月，绿树浓荫、百花争艳

⊕ 林海七月，绿树浓荫、百花争艳

⊕ 八月入秋，层林尽染、叠翠流金

⊕ 冰河岸边的钻天柳林

林间漫步

明亮针叶林林冠稀疏，林下光线通透，视野开阔。漫步其间，新鲜的空气中散发着淡淡的松脂清香，时不时能听见小鸟啁啾，发现各种动物留下的痕迹。幸运之时还能偶遇野兔、狍子、花尾榛鸡等动物的靓影。穿过密林，忽见一片林间开阔处，或灌木丛生，或野花绽放、蝴蝶飞舞，随季节和光照呈现不同风景，仿佛进入奇幻的"魔法森林"。

⊕ 林间漫步

⊕ 汗马保护区的林海

⊕ 林海斜影

缓流探秘

沿塔里亚河、波诺河顺流而下，或逆流而行，您将探秘原始林海中的河岸林、倒木圈、圈河、沙洲、湖泊等纯自然景观。

初春，冰雪消融，林间溪流带着富含矿物质的泥土奔向塔里亚河，于河湾处减缓流速。在阳光的照耀下，您将看见那五彩斑斓、光影斑驳的水景和倒影，仿佛大自然打翻了颜料盘，鄂温克族人美其名曰"桃花水"。

夏季，流水潺潺。浅水处可挽裤脚踏入水中，感受它轻柔的流动和微微的凉意。深水处可泛舟其上，悠闲惬意，从另一个视觉维度欣赏岸上和水中景色，别有一番风趣。

口渴时，也可像保护区守护人员一样，用手捧起河水，品尝略带甜味的天然矿泉水，猜猜它究竟含有哪些矿物质。

⊕　色彩斑斓的"桃花水"

⊕　河流镜像

⊕ 牛耳湖风光

⊕ 浅滩戏水

穿越大兴安岭主脊

保护区北部边缘是大兴安岭的主脊，平均海拔超过 1200m，山坡平缓。徒步越野，穿越其中，体验大兴安岭独特的地质地貌。保护区南端是那拉蒂山，三条支流流经山麓汇入塔里亚河。多变的地形、纵横错落的溪涧、林木丛生的山道，为攀登者提供多样的体验和别样的挑战。

⊕ 穿越大兴安岭

植物生长探秘

同样的种子，在不同的土壤、水分、阳光中成长各异，模样不一。环境改变了它们本来应有的样子，即使再艰苦的条件，它们也在努力地生存下来，世代更替，成就了如今独特别致的模样。

地势低洼处的湿地森林向我们展示了植被受永冻土的影响。这里的落叶松每年只生长极少的新枝，同龄落叶松林的树高不足正常的 1/10。汗马保护区管理人员形象地称为"老头林"。

⊕　永冻土上的老头林景观

缺水的高海拔地区向我们展示了偃松矮曲林的生长奥秘。偃松枝叶中极高的油脂增加了强大的韧性，使其在严寒中偃旗息鼓、匍匐生长，待温暖的春夏季继续向上成长，形成了松属中唯一一种灌木状的模样，也造就了它奇特的感温能力。

偃松的高油脂也容易成为自然山火蔓延的通道。自然山火燃烧后的场地又会被哪些植物占领呢？这些植物又有哪些看家本领呢？

⊕　永冻土上的落叶松

⊕ 偃松矮曲林

⊕ 匍匐生长的偃松

⊕ 自然火烧留下的痕迹

动物觅踪

在白雪覆盖的河流和森林里，兽道交织，深深浅浅，大大小小，都是哪些动物出来觅食呢？植物新枝嫩叶上留下了断裂的痕迹，又是哪种动物咬的？盐碱地里新的泥印，又有一群动物过来补给盐分和微量元素了。原麝常走的饮水道，时不时留下一堆堆粪便，可别嫌它们难看，在汗马保护区科研人员眼中，它们可是传递原麝健康与否的关键情报。

⊕ 雪地兽道交织

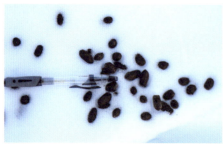

⊕ 动物残留物（左）与动物咬痕（右）

⊕ 可爱的"傻狍子"

闻声识鸟

　　嘤嘤嗒嗒，啁啁啾啾。未见其影，先闻其声。听一听，辨一辨，莺语婉转，燕声呢喃……它们是在呼朋引伴，还是喊话宣战，抑或在表白示爱？再追着声音，悄悄地移步前去一睹它们的风采。

⊕　求偶中的雄性黑嘴松鸡

⊕　银喉长尾山雀

品尝野果佳酿

秋天，万物丰收。大自然馈赠原始森林太多的野果。当地老百姓采集各种野果，或直接食用，或制成佳酿。大兴安岭上的汗马保护区，其独特的自然环境与地理环境，造就了一座蕴含丰富动植物资源的宝库，还使其成了"天然的美食库"，蕴藏着多样的植物果实。

⊙ 丰富多样的野果资源

⊕　居民在收割果实

　　山荆子是小孩子非常喜欢吃的果子，酸甜可口，能润肺生津、利痰健脾，更有解酒的功效。稠李子又被称为"臭李子"，形状和口味与常见的李子有显著区别，可以制成果汁或果酒。

⊕ 山荆子

野生蓝莓（笃斯越橘）的浆果成熟后，在初冬气温降到 −8℃左右时进行采摘，冻成冰球后压榨酿制成蓝莓冰酒，味道妙不可言。红豆（越橘）也是当地有名的佳酿，越橘是森林中的一种野生浆果，它有黄豆般大小，味酸甜。鄂温克猎民发现狗熊也爱吃红豆，并能吃醉。从"熊醉红豆"得到启示，首开先例，把红豆用桦树皮桶密封发酵、酿酒，常年饮用。

⊕ 蓝莓——"世界水果之王"

使鹿部落民俗体验

鄂温克本意为"住在大山林中的人们"，在汗马保护区外围，敖鲁古雅使鹿部落仍然保持着原始猎民"逐鹿而居"的生活习惯。敖鲁古雅鄂温克人猎民点的傍晚，夕阳方落，余晖如淡粉轻纱，笼罩半边天幕，晚霞鲜花似锦般镶满落叶松林与夜空的边缘，早起的星星已开始闪烁，黄昏的森林，像极了雨打梨花后故乡那斑驳的木门，安安静静地立着，默默无言却深蕴了千言万语的温存。

在这里，你可以与中国最后的使鹿部落面对面谈话；沉浸在鄂温克猎民的热情好客，畅游鄂温克文化的波澜起伏，纵览奇妙的白桦、驯鹿文化；体验独具民族特色的衣食住行：品尝原汁原味的驯鹿奶茶、列巴，居住最原始的帐篷——撮罗子；近距离接触温顺可爱的驯鹿们；把玩新颖奇特的民族工艺品，制作桦树皮手工艺品；可以在天地间尽情歌舞……这将会是一次前所未有、难以忘怀的新奇体验！

⊛ 鄂温克猎民

⊕　体验使鹿部落的丛林生活

巡护监测体验

您可以申请作为一名志愿者，跟随汗马保护区管理人员参与巡护监测工作。学习正确的打样方、布样线、安置红外相机等，体验野外科学调查研究的专业性和趣味性，体会大自然保护者的艰辛，一定会让您更加热爱自然、尊重自然。

◉ 巡护监测体验

避暑康养

这里是"无夏避暑"圣地。年平均气温 −5.3℃，最热月 7 月份的平均气温仅有 20.7—23.8℃。这里的夏天，温暖湿润、风和日丽，置身原始林中，仿佛进入世外桃源，摒去闹市的喧嚣和俗世的纷扰。

⊕ 原始寒温带明亮针叶林是天然的制氧机器

原始落叶松林盛产被誉为"空气维生素"的负氧离子。汗马保护区作为首批"中国森林氧吧"之一，具备较完善的避暑度假和康养条件。区内建有森林度假木屋、房车营地、生态康养小径、健身步道、亲水平台等各项设施，根据场地环境和养生原理开展动静、劳逸相结合的体验活动。

⊕　位于中心站的林间小屋（上）和明媚的景色（下）

⊕　位于中心站的部分住宿设施展示

极寒体验

汗马保护区独特的雪景向我们展示了动植物过冬的真本领。塔里亚河成为冬天主要的交通道路，雪地摩托开始了它的表演，带您体验冰河雪地上骑行的速度与激情。

⊕ 冬季的中心保护站俯瞰图

⊕ 冬日的塔头沼泽：冬日里，湿地沼泽区又是一片愿意让人陷入的白色陷阱。由于永冻层的存在，河流难以下切，侧方侵蚀加强，于是形成了沿着汗马保护区内河道两侧的林间地沟谷中分布的沼泽湿地。

⊕　塔里亚河雪地骑行

冷极村

冷极村是中国最冷的村庄，甚至可以泼水成冰。虽然这里气候寒冷，但这里的村民却极具幸福感。滑雪、冰雕，是这里村民冬天最大的兴趣爱好。来到这里，你不仅可以观赏到原始生态的森林风光，还可以抽冰嘎、坐冰车、锯木头，体验当地人民的生活乐趣，感受冷极村村民的纯朴热情。

⊕ 冷极村：每年，当地政府都会组织一次冷极节，让游客在丰富的冰雪旅游项目中体验当地民俗文化

参考文献

［1］《内蒙古汗马国家级自然保护区第二次科学考察报告》编写委员会. 内蒙古汗马国家级自然保护区第二次科学考察报告［M］. 北京：世界图书出版公司，2019.

［2］杨琨. 汗马，没受干扰的原始森林［J］. 森林与人类，2015（9）：194–199.

［3］全国科学技术名词审定委员会. 资源科学技术名词［M］. 北京：科学出版社，2008.

［4］崔国发. 自然保护区学词典［M］. 北京：中国林业出版社，2013.

［5］人与生物圈计划［EB/OL］. https://zh.unesco.org/mab.

［6］Ramsar 官网［EB/OL］. https://www.ramsar.org/.

［7］IUCN 官网［EB/OL］. https://www.iucn.org/.

［8］IUCN Green List［EB/OL］. https://iucngreenlist.org/.

［9］徐化成. 中国大兴安岭森林［M］. 北京：科学出版社，1998.

［10］周以良. 中国东北植被地理［M］. 北京：科学出版社，1997.

［11］《中国森林》编辑委员会. 中国森林［M］. 北京：中国林业出版社，1999.

［12］代林生，杨旭东，刘辉. 雪鸮在中国境内夏季首次现身［J］. 野生动物学报，2016，37（1）：80.

［13］胡金贵，李晔，翟鹏辉. 中国红眼蝶属 1 新记录种记述（鳞翅目：蛱蝶科：眼蝶亚科）［J］. 东北林业大学学报，2016，44（11）：104–106.

［14］田小娟，唐艺婷，何国玮，等. 内蒙古汗马保护区长足虻新纪录种记述［J］. 内蒙古农业大学学报（自然科学版），2018，39（03）：8–14.

［15］戴进业. 无语的地书［J］. 人与生物圈，2013（1–2）：34–39.

［16］陈红军. 研究内蒙古大兴安岭根河地区地质的构造演化［J］. 科技创新导报，2012（22）：226.

［17］刘南威. 自然地理学：第 3 版［M］. 北京：科学出版社，2014.

［18］ 星球地图出版社. 地理知识图集［M］. 北京：星球地图出版社，2019.

［19］ 袁梅，丁晓华，王春燕，等. 1958—2016 年根河市气温变化特征分析［J］.
内蒙古气象，2018（3）：14-17.

［20］ 岳永杰，乌云珠拉，李旭，等. 根河流域 1980—2017 年气候和径流的变化特
征分析［J］. 灌溉排水学报，2020，39（4）：96-105.

［21］ 高洪雷. 一条曾令人寝食难安的线！400 毫米等降水线，对中国历史的影响
［EB/OL］.（2018-06-20）［2020-11-20］. https://www.jfdaily.com/
staticsg/res/html/web/newsDetail.html?id=93655.

［22］ 闻丞，杨珺. 自由生命的激流［J］. 人与生物圈，2013（1-2）：40-51.

［23］《林学名词》审定委员会. 林学名词：第 2 版［M］. 北京：科学出版社，2016.

［24］ 雍怡. 心随星海皈自然——三江源国家公园黄河源区环境解说［M］. 北京：
商务印书馆，2020.

［25］ 胡金贵. 汗马湿地［M］. 北京：世界图书出版公司，2014.

［26］ 中国植被编辑委员会. 中国植被［M］. 北京：科学出版社，1980.

［27］ 靳芳，余新晓，鲁绍伟. 中国森林生态服务功能及价值［J］. 中国林业，2007
（7）：40-41.

［28］ 陈瑜. 内蒙古大兴安岭汗马国家级自然保护区森林保护成效研究［D］. 北京：
北京林业大学，2014.

［29］ 王丽，阿地里江·阿不都拉，孙华，等. 松萝酸研究进展［J］. 生物技术通
讯，2005（4）：472-473.

［30］ 许家忠. 偃松资源合理开发利用价值分析［J］. 中国林业企业，2005（5）：
10-11.

［31］ 庄会霞，刘琪璟，孟盛旺，等. 内蒙古大兴安岭地区偃松生长规律［J］. 中南
林业科技大学学报，2015，35（8）：46-52.

［32］ 杨婧雯. 东北林线偃松径向生长特征及其对气候变暖的响应［D］. 哈尔滨：东
北林业大学，2020.

［33］ 植物智［EB/OL］. http://www.iplant.cn/.

［34］ 魏智，金会军，张建明，等. 气候变化条件下东北地区多年冻土变化预测［J］.
中国科学：地球科学，2011，41（1）：74-84.

［35］ 张新时. 中国植被及其地理格局：中华人民共和国植被图（1：1000000）说明
书［M］. 北京：地质出版社，2007.

［36］ 周以良. 中国大兴安岭植被［M］. 北京：科学出版社，1991.

［37］ 罗菊春. 植物多样性［J］. 人与生物圈，2013（1-2）：28-33.

［38］ 马炜梁. 植物学：第2版［M］. 北京：高等教育出版社，2015.

［39］ The IUCN Red List of Threatened Species（Version 2021-1）［EB/OL］. https://www.iucnredlist.org/.

［40］ 吴嘉佑，沙拉莫夫，刘文飞. 俄罗斯"最富诗意的树"——解读沙拉莫夫的《偃松》［J］. 名作欣赏，2006（7）：29-31.

［41］ 许辉. 岩高兰生物学特性及保护的必要性［J］. 内蒙古林业调查设计，2017，40（4）：42-43.

［42］ 黄年来. 中国大型真菌原色图鉴［M］. 北京：中国农业出版社，1998.

［43］ 胡金贵. 内蒙古汗马国家级自然保护区植物原色图谱［M］. 北京：世界图书出版公司，2013.

［44］ 卯晓岚. 中国蕈菌［M］. 北京：科学出版社，2009.

［45］ 卯晓岚. 中国毒菌物种多样性及其毒素［J］. 菌物学报，2006（3）：345-363.

［46］ 马英杰. 不同环境压力下雌雄驼鹿（*Alces alces cameloide*）的营养适应策略［D］. 哈尔滨：东北林业大学，2017.

［47］ 李晔. 驼鹿［M］. 北京：世界图书出版公司，2017.

［48］ 刘辉. 东北地区驼鹿种群动态与遗传特征研究［D］. 哈尔滨：东北林业大学，2017.

［49］ 窦红亮. 东北地区驼鹿冬季生境选择和运动特征研究［D］. 哈尔滨：东北林业大学，2017.

［50］ 印瑞学，吴建平. 中国驯鹿的现状［J］. 野生动物，1999（4）：34.

［51］ 徐文潮. 森林中的舞蹈家 黑嘴松鸡［J］. 人与生物圈，2013（1-2）：86-90.

［52］ 赵正阶. 中国鸟类图志（上卷）：非雀形目［M］. 吉林：吉林科学技术出版社，2001.

［53］《内蒙古大兴安岭汗马国家级自然保护区脊椎动物图谱》编制委员会. 内蒙古大兴安岭汗马国家级自然保护区脊椎动物图谱［M］. 北京：世界图书出版公司，2013.

［54］ 孙儒泳. 动物生态学原理［M］. 第3版. 北京：北京师范大学出版社，2001.

［55］ 中国动物主题数据库［EB/OL］. http://www.zoology.csdb.cn/.

［56］ 赵正阶. 中国鸟类志图志（下卷）：雀形目［M］. 吉林：吉林科学技术出版

社, 2001.

[57] 郭冬生. 常见鸟类野外识别手册 [M]. 重庆: 重庆大学出版社, 2016.

[58] 蔚东英. 三江源国家公园解说手册 [M]. 北京: 中国科学技术出版社, 2019.

[59] 张辰亮. 博物杂志猫头鹰专题、今年合集和明年订阅 [EB/OL]. (2020-06-23) [2020-11-20]. https://www.bilibili.com/video/BV1zK4y1f77r.

[60] 祝昭丹. 啄木鸟头颅结构抗冲击力学机理 [D]. 大连: 大连理工大学, 2015.

[61] 赵文阁. 黑龙江省两栖爬行动物志 [M]. 北京: 科学出版社, 2008.

[62] 旭日干. 内蒙古动物志: 1-6 卷 [M]. 呼和浩特: 内蒙古大学出版社, 2011—2016.

[63] 中国两栖类 [EB/OL]. http://www.amphibiachina.org/.

[64] The Reptile Database [EB/OL]. https://reptile-database.reptarium.cz/.

[65] 北京市鲟鱼、鲑鳟鱼创新团队. 冷水鱼的个性 [J]. 北京农业, 2013 (22): 10-11.

[66] 人民网. 新疆喀纳斯湖再现数只疑似水怪水面掀巨大浪花 [EB/OL]. (2020-06-23) [2020-11-20]. https://news.qq.com/a/20120623/000653.htm?pgv_ref=aio2012.

[67] 张巍巍. 昆虫家谱——世界昆虫 410 科野外鉴别指南: 便携版 [M]. 重庆: 重庆大学出版社, 2018.

[68] Jam Sheng. 螳螂 I 用几个冷知识纠正你对螳螂复眼的误解 [EB/OL]. (2017-02-06) [2020-11-20]. https://www.reptilestar.com/7883/.

[69] 周尧. 中国蝶类志 [M]. 河南: 河南科学技术出版社, 2000.

[70] 地球已连接. 从 2019 烧到 2020, 足足烧掉 10 个上海! 澳洲这场山火为什么扑不灭 [EB/OL]. (2020-01-07) [2020-11-20]. https://baijiahao.baidu.com/s?id=1655031957444033051&wfr=spider&for=pc.

[71] 杜野. 雷击木的特征研究 [J]. 森林防火, 2018 (1): 32-35.

[72] 白夜, 李晖, 王博, 等. 森林雷击火成因与防控对策 [J]. 林业资源管理, 2019 (6): 7-11, 37.

[73] 张恒, 张鑫, 赵鹏武, 等. 内蒙古森林草原雷击火灾时空分布特征 [J]. 东北林业大学学报, 2020, 48 (12): 46-51.

[74] 于诗文, 王秋华. 近年雷击火研究进展综述 [J]. 林业调查规划, 2020, 45 (2): 71-76, 112.

[75] 田祖为, 张志东, 曾冀, 等. 森林植被可燃物状况对火行为的影响概述 [J]. 森林防火, 2019 (3): 35-37.

［76］ 舒立福，王明玉，李忠琦. 大兴安岭山地偃松林火环境研究［J］. 山地学报，2004，22（1）：36–39.

［77］ 孙家宝，胡海清. 大兴安岭兴安落叶松林火烧迹地群落演替状况［J］. 东北林业大学学报，2010，38（5）：30–33.

［78］ 王绪高，李秀珍，贺红士，等. 大兴安岭北坡落叶松林火后植被演替过程研究［J］. 生态学杂志，2004（5）：35–41.

［79］ 孔繁志. 敖鲁古雅的鄂温克人［M］. 天津：天津古籍出版社，1994.

［80］ 董联声. 敖鲁古雅乡"使鹿部"鄂温克人历史上的人口变化及定居50年间人口状况研究［J］. 前沿，2015（10）：141–147.

［81］ 郭光普. 敖鲁古雅的驯鹿鄂温克［J］. 自然杂志，2007（3）：179–182，190.

［82］ 龚宇，斯仁巴图. 驯鹿鄂温克文化与自然环境——以敖鲁古雅鄂温克民族乡为例［J］. 呼伦贝尔学院学报，2009，17（2）：1–4.

［83］ 范琳琳. 桦树皮工艺品制作技艺田野调查——以阿里河镇和敖鲁古雅乡为例［J］. 内蒙古大学艺术学院学报，2013，10（1）：73–78.

［84］ 孙萨茹拉. 鄂温克服饰的地域色彩［J］. 内蒙古民族大学学报（社会科学版），2004（4）：26–29.

［85］ 蒋玉华，曾亚玲. 敖鲁古雅旅游生态文化开发策略研究［J］. 黑龙江民族丛刊，2015（4）：124–129.

［86］ 谢元媛. 文明责任与文化选择——对敖鲁古雅鄂温克生态移民事件的一种思考［J］. 文化艺术研究，2011，4（2）：110–117.

［87］ 龚宇. 鄂温克族非物质文化遗产保护现状调查［J］. 满语研究，2012（1）：70–74.